집과 건축

2019

ARCHIJEJU ARCHITECTS

건축사사무소 아키제주
http://www.archijeju.com
E_mail: archijeju@naver.com
제주시 연삼로 350, 3층
064.751.9151

집과 건축 2019

펴낸날 2019년 8월 13일

지은이 양성필
펴낸이 주계수 | **편집책임** 이슬기 | **꾸민이** 유민정

펴낸곳 밥북 | **출판등록** 제 2014-000085 호
주소 서울시 마포구 양화로 59 화승리버스텔 303호
전화 02-6925-0370 | **팩스** 02-6925-0380
홈페이지 www.bobbook.co.kr | **이메일** bobbook@hanmail.net

ISBN 979-11-5858-575-4 (03540)

※ 이 도서의 국립중앙도서관 출판시도서목록(CIP)은 e-CIP 홈페이지(http://www.nl.go.kr/cip)에서 이용하실 수 있습니다. (CIP 2019029552)

※ 책 값은 표지 뒷면에 표기되어 있습니다.

참여건축을 위한 건축에세이

DWELLING & ARCHITECTURE

집과 건축 2019

양성필

밥북

들어가며

저는 건축사입니다. 건축사라는 직업은 주변에서 흔히 접할 수 있는 직업 중 하나입니다. 통상 집을 짓기 위해서는 이 건축사에게 도면을 그려주고 건축허가를 받아달라고 의뢰해야 합니다. 하지만 대개 집의 마련은 아파트를 분양받거나 매입하는 것이 일반적이며, 단독주택을 짓는 경우는 매우 드물어졌습니다. 주위에 건축사사무소 간판을 보는 경험은 많지만, 실제로는 공인중개사나 약사 그리고 변호사만큼은 만날 기회가 많지는 않을 것입니다. 의식주가 삶의 기본 조건이라는 명제와는 달리, 자신이 살고자 하는 집을 기획할 기회는 요리하거나, 옷을 구입하는 것처럼 일상적으로 할 수 있는 일이 아니기 때문입니다. 어쩌면 일생에 한 번 겪을까 말까 한 것이 '살기 위한 집을 짓기 위해 건축사를 만나는 일'일 것입니다.

이 글의 독자는 자신의 집, 특히 단독주택을 처음으로 지어보고자 하는 사람입니다. 그렇다고 해서 집을 짓기 위한 기술적인 요령이나 정보를 제공하려 하는 것은 아닙니다. 다만 좋은 집을 구상하고 기획하기 위해서 건축사는 무엇을 준비해야 할지를 의뢰인 입장에서 생각하는 시간을 가져보았습니다. 그러면서 집을 지으려는 의뢰인은 물론 건축사 스스로를 돌아볼 수 있는 이야기를 담아보려고 하였습니다.

저는 스스로를 상품이라고 생각합니다. 누군가 집을 짓기 위해서는 포크레인과 삽, 망치와 페인트공, 목수 등의 장비와 사람이 필요하듯이 건축사라는 전문가도 반드시 필요합니다. 그러한 것들을 상품이라고 한다면, 그러한 생각은 사람을 도구로 여기는 비인격적인 관점이라고 생각할지도 모르겠습니다. 그렇습니다. 사람을 망치나 포크레인과 같은 도구로 여겨서는 안 되겠지요. 그래도 여기서는 일단 사람을 망치와는 다르지만 인격이 있는 상품이라고 정의 내리고 이야기를 시작하려 합니다.

상품이 잘 팔리기 위해서는 질이 좋은 제품이 되어야 하고 또한 홍보를 잘해야 할 것입니다. 기술자에게 질이 좋은 제품이 되어야 한다는 것은 좋은 기술력을 가진 장인과 같은 능력을 지녀야 한다는 것이겠지요. 홍보가 잘 돼야 한다는 것이 기술자에게 어떤 의미인지는 차차 생각해 보도록 하겠습니다.

그다음 상품이 팔린 후에 발생하는 문제를 생각해야 합니다. 앞서 말씀드렸듯이 건축사는 흔히 구입할 수 있는 상품이 아니라, 대개 처음 접하는 경우가 허다한 상품입니다. 라면과 같이 자주 사다 먹는 식품이야 포장지에 깨알같이 쓰여 있는 조리법을 읽지 않아도 누구나 쉽게 익혀 먹을 수 있을 것입니다. 하지만 처음으로 접하는 낯선 식품을 산 경우에는 반드시 먼저 그 조리법을 잘 숙지하고 차근차근 실행에 옮겨야 합니다. 전자레인지에는 몇 분 동안 데워야 하는지, 혹은 물에 삶아야 하는 상품인지 아니면 기름에 튀겨야 하는 상품인지를 판단해야 합니다. 그런 것을 순서대로 차근차근 알려주는 것을 바로 매뉴얼이라고 할 것입니다.

여기서 건축사를 상품이라고 말하는 것은 그러한 '매뉴얼이 필요하다는 의미'라고 할 수 있습니다. 집을 짓기 위해서 건축사라는 상품을 구매했을 때, 어떤 방법과 요령으로 건축사를 통해 집을 설계해야 할 것인지를 설명해 보려는 것이 이 책의 목적입니다. 한 걸음 더 나아가 역으로 말하자면, 건축사가 의뢰인이 집을 짓고자 다가왔을 때 어떻게 설계할 것인가를 기획해 보자는 것이 또한 이 책의 목적이라고 할 수 있습니다.

건축사는 무엇을 하는 사람일까요? 대부분 이해하는 건축사라는 직업은 집을 짓기 위한 도면을 그려주는 사람을 말합니다. 그래서 집을 지으려면 건축사를 맨 처음 만나 의뢰를 합니다. 하지만 건축사에 대한 여러 가지 생각과 오해들이 좋은 집을 짓기 위해 활용해야 할 건축사를 단순히 건축허가를 받아주는 행정업무자로 사용하게 하는 경우를 종종 접합니다. 사실 이러한 생각을 하게 된 배경에는 건축사들의 잘못도 크다고 생각합니다. 건축사가 무슨 일을 하는 사람인지, 건축사에게 무엇을 요구할 수 있는지를 잘 알려준 적이 없는 듯합니다. 그리고 그것은 설계방법론과 설계과정에서 건축사가 의뢰인과의 교감을 얻을 수 있는 대화의 중요성을 누락하고 있었다는 반성이기도 합니다.

그래서 이 글은 집을 지으려는 건축주에게 건축사라는 직업을 가진 사람을 소개해 주는 내용이기도 하면서 한편으로는 건축사인 저 자신이 스스로 무엇을 하는 사람인지 그리고 무엇을 할 수 있는 사람이어야 하는지를 생각하고 정리해 본 내용입니다. 그런 면에서 이 책은 건축설계방법론에 대한 개인적인 에세이이기도 합니다.

2019년 06월 15일

양성필

목 차

3부

좋은 집

1부

집을 짓는 사람들

01 집을 짓는 사람들

집을 구상하고, 그것을 도면으로 그리고 그 도면을 가지고 집을 만드는 모든 활동을 무엇이라고 할까? 건축을 전공으로 한 나마저도 일상에서 쉽게 접할 수 있는 그러한 과정을 정의하기가 선뜻 쉽지 않은 것은 무슨 이유일까?

아마도 그것은 우리가 집을 짓는 과정을 조각조각 분해해서 이해해 왔기 때문이 아닐까 생각해봅니다. 집 짓는 과정을 각기 전문분야로 나누어서 그 분야별로만 저마다의 입장으로 다루다 보니 종합적으로 무엇이라고 해야 할지를 모르게 된 것이 아닐까요.

크게는 집을 구상하는 것은 건축사가 하고 집을 만드는 것은 건설회사가 담당하는 것에서 시작해서 제각기 다른 입장에서 집 짓는 과정을 다루다 보니 집을 짓는다는 게 어떤 의미를 갖는 것인지를 종합적으로 생각하고 따져볼 기회를 놓치고 있는지도 모릅니다. 그러면 집을 짓는 과정을 지금의 상황에서 각 분야별로 따져본다면 어떤 사람들이 참여하고 있을까요? 그리고 그 사람들이 어떤 식으로 역할분담을 하고 있는 것일까요? 그리고 왜 역할분담을 하게 된 것일까요?

일반적으로 집을 짓는다고 하면 통상 시공하는 것을 말합니다. 거푸집을 짜고 철근을 배근하고 벽돌을 나르는 등의 구체적인 건축 재료를 가지고 건물을 만들어가는 과정을 보고 집을 짓는다고 말을 합니다. 하지만 제가 여기서 말하려는 집을 짓는다는 것은 집을 만드는 과정만이 아니라 어떤 집을 지을지 기획하고 구상하는 단계까지 포함한 전 과정입니다.

원래 짓는다는 말에는 없던 것을 새로이 만들어낸다는 의미가 있습니다. 마치 거짓말을 지어낸다고 하듯이 말이지요. 밥을 짓고, 시를 짓고, 이야기를 지어내는 것에는 세상에 없던 것을 만들어낸다는 의미가 있습니다. 집을 짓는다는 것도 세상에 없는 공간과 사물을 집이라는 형태로 새로이 만들어낸다는 의미가 있는 것입니다. 그런 면에서 집을 짓는 것은 마치 예술활동이나 문학활동과 비슷한 면이 있습니다. 저는 거짓말을 지어내는 것도 하나의 예술활동과 비슷하다고 생각하는데 세상에 없는 것을 그럴듯하게 지어내서 만들어내는 거짓말에는 대단한 상상력이 있어야 하겠지요. 집을 구상하는 것 역시 아직 세상에 없는 공간과 형태를 새로이 만들어내야 하기 때문에 그 과정은 대단한 상상력을 요구하게 됩니다.

건축사는 이러한 집을 짓는 과정에 가장 먼저 참여하는 사람입니다. 집을 짓는 과정에는 건축사뿐 아니라, 시공기술자, 감리자, 현장관리자, 그리고 가장 중요한 건축주가 있습니다. 하지만 이 역시도 대표적인 몇 사람을 거론한 것에 불과하며 전기기술자에서부터 청소용역

을 하는 사람, 그리고 에어컨 설비업자까지 이 모든 사람들이 하나의 집을 짓기 위해 저마다의 역할을 하게 됩니다. 이 많은 사람이 자신의 공정에 따라서 집을 짓는 대지를 방문하는데 각자의 역할에 따라 그곳을 방문하는 시기가 다릅니다.

집을 구상하고 짓는 과정을 이야기함에 있어서 맨 처음에 집을 짓는 사람들에 대한 이야기를 먼저 꺼내는 데는 중요한 이유가 있습니다. 이는 평소 건축을 수행하는 전문가집단에 소홀했던 부분을 생각해 보자는 의도도 있습니다. 집을 잘 구상하고 집을 잘 짓기 위해서는 건축과 관련된 전문집단들에 대해 이해를 잘하는 것이 매우 중요합니다. 특히 처음으로 집을 지어보려고 마음먹은 건축주에게는 이 모든 사람이 어떤 역할을 하고 왜 필요한지를 이해하는 것이 과정에서의 혼선을 줄일 수 있는 중요한 정보일 것입니다. 이러한 생각이 집을 짓는 사람들에 대한 이야기를 먼저 꺼내는 이유입니다.

저는 직업이 건축사이기 때문에 집 짓는 사람을 이야기하면서 건축사에 관한 이야기를 빼놓을 수 없습니다. 또, 당황할 수도 있겠지만 집을 지으려고 구상하는 독자인 당신, 즉 건축주를 빼놓을 수 없습니다. 집을 짓는 과정에서 매우 중요한 역할을 하는 건축주를 통상적으로는 집을 짓는 사람이라고는 생각을 잘 안 하는 것 같습니다. 하지만 건축주야말로 집을 짓는 과정에서 처음부터 끝까지 가장 중요한 역할을 하는 사람입니다. 만약에 집은 목수가 짓는 것이고 주인은 돈만 대면 되는 것이라고 생각했다면 이제라도 그 생각을 고쳐주실 것을 간곡히 권합니다. 이 글의 대부분은 그렇지 않다는 점을 이야기하고 있습니다.

실제로 집을 지어보신 분을 만나서 조언을 구해 보셨다면 건축주의 역할이라는 것이 그리 호락호락한 것이 아니라고 다들 이야기할 것입니다. 오죽했으면 제주의 속담에 '배는 짓고 집은 사라'는 말이 있겠습니까. 집 하나를 짓는 것이 건축주에게 보통 스트레스를 주는 일이 아니라는 말이지요. 집을 구상하고 짓는 과정에서 건축주의 역할이라는 것은 아무리 중요하다고 강조하여도 부족함이 없습니다. 이 책에서는 건축주의 역할에 대해서 많은 부분을 할애해서 말씀드릴까 합니다.

또한 집을 짓는 기술자와 집을 구상하는 설계자의 역할을 잘 구분하지 못하는 경우도 의외로 많이 보았습니다. 저는 집을 짓는 사람이 아니라 집을 구상하고 디자인하는 건축사인데도 종종 왜 집을 짓지 않느냐는 질문을 받습니다. 이러한 질문에는 집을 디자인하는 설계

자와 그 디자인을 사물로 만드는 시공자에 대한 구분이 왜 필요하게 되었는지를 이해하지 못하는 경우가 많습니다. 한편으로는 모든 집 짓는 경우가 이러한 과정이 구분되어야 효율적이고 좋은 것인지에 대해서는 곰곰이 생각해볼 필요도 있습니다.

산업화 시대 이전인 전통사회에서는 대부분 분야에서 장인과 디자이너가 구분되지 않았으며 지금도 이러한 의식이 사회 전반에 흐르고 있습니다. 저는 최근에 취미로 목공을 약간 배워보았습니다. 목공방에서 책꽂이를 만들 때 반드시 사전에 그것을 치수가 있는 도면으로 그리는 작업을 먼저 합니다. 머릿속에서 구상한 것을 치수를 적어가면서 도면으로 그리는 과정이 설계라고 한다면, 그 도면을 가지고 책꽂이를 만드는 것은 시공이라고 할 수 있습니다.

이렇게 자기가 구상한 것을 스스로 도면으로 그리고 그것을 가지고 직접 가구를 만드는 것은 목공 과정에서 매우 자연스러운 것입니다.

흙으로 도자기를 만드는 과정도 마찬가지입니다. 만들고자 하는 도자기의 구상을 미리 스케치하고 나서 그것을 직접 흙을 빚어서 만들게 됩니다. 아마도 집을 짓는 것처럼 철저하게 형태를 구상하는 사람과 그것을 만드는 사람이 구분되어있는 경우는 오히려 드물다 할 것입니다. 때문에 건축사에게 왜 집을 짓지는 않느냐고 묻는 것이 자연스럽고 당연한 질문일 수 있습니다. 이러한 질문에도 한번 답을 정리해 보고자 합니다. 직업이 가진 특성을 잘 이해하는 것이 의뢰하는 건축주에게는 중요할 수 있으니까요.

최근에는 건설사가 시공하지 않는 소규모 직영공사현장에서는 현장관리인을 선임하도록 법제화되었습니다. 저는 이 현장관리라는 업

무와 역할이 갑자기 등장한 것이 아니라 공사현장에서 반드시 필요한 사람을 이제야 법제화하여 배치를 요구하게 된 것이라고 생각합니다. 앞으로 현장관리인의 역할은 기대되고 있습니다.

일반적으로 건설회사 시공현장에는 현장대리인이라는 명칭으로 공사현장의 모든 사항을 운용하는 사람을 배치하도록 되어있습니다. 보통 현장소장이라는 호칭으로 불리는 분이 현장대리인이라고 할 수 있습니다. 여기서 대리인이라는 것은 건축주를 대신하여 공사현장을 관리하는 사람이라는 의미입니다. 현장관리인 역시 현장대리인을 배치하지 못하는 직영공사현장에서 건축주를 대신하여 현장의 문제들을 관리하는 사람이라는 의미로 사용된 것입니다. 현장관리를 한다는 의미만으로 본다면 현장대리인과 현장관리인은 같은 역할을 하는 사람으로 보입니다. 하지만 현장대리인은 시공사의 입장에서 현장관리를 하는 것이며, 현장관리인은 건축주의 입장에서 현장관리를 한다는 점이 다릅니다. 때문에 현장관리인은 시공자라기보다는 감독관에 가까운 역할을 한다고 할 수 있습니다. 다만 현재로써는 몇 가지의 현실적인 문제 때문에 적극적이고 책임 있는 현장관리를 하지는 못할 것이라는 우려가 없는 것은 아닙니다.

또한 공사현장에는 현장관리인뿐 아니라 공사감리자도 선임하도록 되어있습니다. 둘 다 공사를 직접 하는 것은 아니고, 공사의 잘못된 점을 지적하는 행위도 비슷해 보이는데 왜 따로 지정하는 걸까요? 이 역시도 건축주들이 많이 의아해하는 부분입니다. 앞서 현장대리인과 현장관리인을 구분한 것과 같은 방식으로 말하자면 감리자는 행정기관의 입장에서 현장을 감사하는 입장이라고 할 수 있습니다. 때문에 감리자의 업무는 주로 법적인 문제가 없는지를 확인하는 것이 우선시되며 다음으로는 공사현장에서의 안전수칙의 이행과 제반 규정준수 등을 중요하게 살피는 업무를 합니다.

더불어서 저는 우리나라의 특수한 관행이 아닐까 생각하기도 하고 스스로 이해하기 어려운 제도라고 여기는 것이 직영공사와 그와 연관되어 집 짓는 일을 직업으로 하는 목수라는 사람들입니다. 대개 작은 집을 지으려는 경우에 이분들에게 도움을 청하는 경우가 많은데 저는 이분들의 특수한 상황에 대해 이해하는 것이 소규모의 건물을 지으려는 건축주에게 아주 중요하다고 생각합니다.

저는 젊은 시절에 우연한 기회에 집을 직접 지어본 적이 있습니다. 그때 미장공들이 일한 날 수만큼 일당으로 계산해서 임금을 주기로 약속하고 공사를 진행하고 있었습니다. 그런데 미장공 둘이서 무슨 이유에서인지 서로의 기분을 상하게 하였다고 한참을 현장에서 다투었습니다. 처음 공사를 해본 초보자인 저로서는 이분들이 다투는 이유보다도 그 시간도 일당으로 비용을 계산해야 한다는 점이 무척 신경 쓰였습니다. 그렇다고 화가 나서 다투시는 두 분에게 언쟁은 일 끝나고 나중에 하고 하던 일이나 잘하라고 하지도 못했습니다. 그렇다고 그날 일당을 못 주니까 집에 가라고 할 수도 없는 노릇이고 참으로 난감하였습니다. 그 일은 제게 현장관리를 한다는 것이 머릿속에 들어있는 계산기만으로 이루어지지 않는 것이라는 것을 뼈저리게 느끼게 하였습니다.

집을 구상하고 짓는 것은 결국 사람이 하는 일입니다. 그것을 이해하는 것은 매우 중요한 일입니다. 그리고 집이라는 것 자체도 사람을 위한 것입니다. 그것을 이해하는 것도 역시 매우 중요합니다. 똑같은 도면으로 집을 지어도 사람에 따라 집은 얼마든지 다르게 지을 수 있습니다. 어떤 사람을 만나는가 하는 문제는 내가 모든 것을 통제할 수 없어서 많은 부분을 위임해야 할 때 더욱 중요한 일인 것입니다.

어떤 면에서는 집을 지음에 있어서 선량하고 양식 있는 사람을 만난다는 것이 실력 있는 능력자를 만나는 것보다 더 중요한 일일 수 있습니다. 하지만 때로는 선량한 사람보다 경험 많고 정확한 일머리를 가지고 있는 사람을 만나는 것이 중요할 수도 있습니다. 일을 정확하게 하면서도 책임 있고 정직한 사람을 만날 수 있다면 그것만큼 집을 짓는 데 중요하게 고려할 만한 일은 없을 것입니다.

집을 짓는 일은 단순히 어떤 물건을 주문해서 설치하는 일이 아닙니다. 기획에서 구상, 그리고 공사와 완성단계에 이르기까지 무수히 많은 사람을 만나게 됩니다. 집을 짓자고 결심한 순간 건축주는 어쩌면 태어나서 처음으로 가장 중요한 결정권자가 됩니다. 집을 짓는 동안 수많은 사람이 건축주의 지시에 의해서 일을 하게 되고 또 쉴 새 없이 다가와서 조언과 유혹을 하게 됩니다.

자주 듣는 조언의 예를 들어볼까요? 어떤 사람은 창이 큰 게 좋다고 하고 다른 사람은 창이 작은 게 좋다고 합니다. 분명히 창을 크게 하면 전망이 좋을 것이고 창을 작게 하면 에너지 효율이 높아서 냉난방 비용이 적게 들 것입니다. 이러한 경우에 두 가지의 장점을 다 수용할 수는 없습니다. 결국 어떤 문제의 장점과 단점을 충분히 이해한

후에 최종적으로 어떤 창을 설치할지를 결정하는 것은 건축주의 몫이 됩니다. 건축주라는 위치는 결코 생각만큼 쉬운 자리가 아닙니다. 잘못된 판단은 늘 커튼을 쳐야 하는 창을 만들기도 하고 매번 청소해도 늘 곰팡이가 가득한 화장실을 만들기도 합니다. 그렇다고 해서 사람마다 취향과 속성이 달라서 건축사 역시 무수한 설계경험이 있다고 해도 정답이 무엇인지는 단정하지 못합니다. 저의 경험으로는 좋은 집으로 가는 길은 늘 수정과 변경의 연속이었다는 것입니다.

좋은 위정자가 되려면 훌륭한 참모를 두는 것이 기본입니다. 건축주는 위정자와 같은 위치입니다. 결코 쉬운 자리가 아니지요. 좋은 집을 짓기 위해서는 본인의 능력을 키우려고 하는 것보다 좋은 참모진을 갖추는 것이 중요합니다. 집을 짓는 사람들을 이해한다는 것은 누가 훌륭한 참모인지를 판단하는데 올바른 태도를 갖출 것을 요구하는 일입니다. 수없이 많은 전문가들이 모여서 집을 짓는데도 불구하고 옆집 아저씨의 말에 솔깃하여 벽지를 선택하고 삼촌이나 이모가 골라주는 타일을 선택하고 지나가는 이의 말을 듣고 창문의 형태를 결정한다면 그보다 어리석은 태도는 없습니다. 그보다도 더 어리석은 태도가 있다면 전문가들이 옆에 있음에도 한번 물어보지도 않고 자신만의 판단으로 모든 것을 결정하려고 하는 태도일 것입니다. 나라를 다스리는 위정자도 그리하면 안 되듯이 건축주가 집을 지을 때도 결코 결정권을 그렇게 남발하여서는 안 될 것입니다.

이제 집을 짓는 사람 중에 건축주의 역할이 얼마나 중요한지는 새삼 강조할 필요가 없을 것 같습니다. 그러면 건축주를 도와서 참모의 역할을 해나갈 집 짓는 사람들을 만나보도록 하겠습니다.

02 건축사와의 만남

만남이라는 것은 참으로 가슴설레는 일입니다. 살아가면서 전혀 다른 세계에서 살던 사람을 만나서 온갖 살아온 이야기를 나누고 미래에 대해서도 이야기하는 것은 매우 흥미로운 경험이라고 할 수 있습니다. 지금은 어쩐지 모르겠습니다만 제가 대학을 다닐 때의 풍경에는 '미팅'이라는 풍속도가 있었습니다. 서로 모르는 이성 간에 여럿이 만나서 대화를 나누는 것을 미팅이라고 하였고, 특별하게 개별적

으로 소개받아 만나는 경우는 소개팅이라고 하였습니다. 미팅이건 소개팅이건 전혀 일면식이 없는 이성을 만나서 대화를 나눈다는 것은 저처럼 이성이 분리된 중고등학교 생활을 했던 젊은이에게는 참으로 흥분되는 기억이 아닐 수 없습니다.

건축사가 되어서 의뢰인을 만난다는 것도 어쩌면 그와 비슷한 만남이 아닐까 생각을 해봅니다. 물론 만남의 목적이 그런 친구가 되기 위한 것은 아니지만 집을 구상하기 위해서는 의뢰인의 가족관계와 직업 그리고 삶의 궤적까지도 이야기를 나누어야 하는 경우가 적지 않습니다. 그러다 보면 저 역시도 제가 살아온 이야기를 하게 되고 설계가 다 끝날 즈음에는 마치 오래된 친구 같아지는 경우도 종종 있습니다. 그리고 그런 만남이 사회에서도 바람직한 인간관계가 아닌가 생각합니다.

그런 면에서 건축사는 참으로 행복한 직업이라는 이야기를 하곤 합니다. 의사처럼 병자들을 돌보는 것이 아니고 변호사처럼 불행한 상황이나 소위 논쟁에 휘말리게 된 사람이 아니라 어떻든 돈을 벌어서 집을 지어보려고 결심한 희망을 가진 사람을 고객으로 만나니 좋은 직업은 좋은 직업입니다. 하지만 아무리 그렇게 말한다고 하여도 늘 좋은 관계만으로 만남이 유지되는 것은 결코 아닙니다. 자세히 들여다보면 참으로 행복하고 즐거워야 할 건축사와 의뢰인의 만남이 서로를 무시하고 원망하는 경우가 되는 일도 종종 보게 됩니다. 고백하건대 저 역시도 제가 만난 건축주 중에는 다시는 만나고 싶지 않다는 생각이 들게 하는 분들이 없지 않았습니다. 그런 생각이 들 때는 건축디자인의 문제를 해결하는 것보다도 더 심한 우울함과 자괴감에 빠져들기도 합니다.

건축주와의 불편함이 발생할 때 저는 습관적으로 설계계약서를 살펴보는 버릇이 생겼습니다. 그러면서 그 불편함이 다시 생기지 않았으면 하는 마음으로 소심하게 몇 문장을 수정하면서 고민에 빠져보기도 합니다. 대개 사회에서 이루어지는 계약서에는 '이 계약은 서로의 신뢰를 바탕으로 이루어졌습니다'라는 문구가 맨 첫 장에 들어가게 됩니다. 저는 딱딱한 계약서이지만 이러한 문구가 참으로 마음에 와 닿았습니다. 계약이라는 것은 서로의 비용과 재능을 주고받는 약속이며 이를 어겼을 경우 법적인 구속을 강제할 수 있다는 것이 기본적인 속성입니다. 하지만 법을 기반으로 하는 계약서에서도 역시 기본은 약속에 대한 신뢰가 바탕이 되어야 한다는 것을 저 문장이 알려주고 있는 것이겠지요.

보통 계약서라고 하면 어떤 생각을 할까요? 아마 대개는 서로 문제가 생겼을 때 법정에 가서 시시비비를 가리기 위한 사전의 약속을 정하자는 취지일 것입니다. 하지만 저는 반대로 서로 문제가 생기더라도 법정에 가서 따지지 말자는 취지로 계약서를 작성합니다. 중요한 것은 신뢰의 문제이지 일의 완수를 위한 책임을 묻는 것이 아니라는 점을 강조하기 위한 계약서가 되었으면 하는 것입니다. 그런 취지로 고민하여 제시한 것이 '계약해지의 요건'이라는 항목입니다. 계약해지의 요건에는 서로의 신뢰가 무너졌을 때 언제든지 서로 계약해지를 요구할 수 있다는 것을 명시하고 있습니다. 신뢰가 무너진 상태에서 계약관계를 지속하는 것은 어떤 이유에서든 서로가 우울하고 불편해질 뿐입니다. 건축주와 건축사 간의 신뢰를 유지하는 것은 집을 짓기 위한 가장 중요한 기초공사인 것입니다.

건축사와 건축주의 만남에서 신뢰를 강조하는 것만큼이나 중요하고 유의해야 할 점이 있다면 그것은 둘 사이의 위계를 없애는 일이라고 생각합니다. 하지만 이것은 생각처럼 간단하지 않습니다. 왜냐하면 우리 사회는 매우 오랜 기간 사람 간의 위계를 늘 중시하면서 살아왔기 때문입니다. 인간관계에서 위계를 이해하고 존중한다는 것은 우리 사회를 지탱하는 매우 중요한 시스템이라는 점은 절대 부정할 수 없습니다. 우리는 늘 선생님과 제자, 형과 동생, 삼촌과 조카라는 서로 간의 관계망 속에서 대화하며 살아왔습니다. 어떤 경우에든 우리는 쉽게 '누가 위냐'를 따지면서 사는 데에 익숙해져 왔습니다.

하지만 훌륭한 윗사람은 절대 아랫사람을 낮추어보지 않는다는 것을 기억해 주셔야 할 것입니다. 또한 훌륭한 건축주는 건축사를 고용함에 있어서 그것을 위계적인 상하관계로 바라보지 않으리라 생각합니다. 최근 들어 방송에서 '갑(甲)질'이라는 신조어가 자주 등장합니다. 군대에서 상관이 부하 장병을 하인처럼 부렸다느니 대형마트에서 납품업체 직원을 불러서 매장정리를 시켰다느니 더욱 심각한 것은 전화안내원에게 얼굴이 보이지 않는다는 익명성을 이유로 그러는 것인지 심한 욕설이나 성적인 농을 일삼는 일들이 종종 뉴스를 통해서 들리곤 합니다. 그러다가 이번에는 '을(乙)의 반란'이라는 제목으로 직원들이 사주를 상대로 소송을 걸거나 집단항의를 한다는 소식이 들리기도 합니다. 언제부터 사람이 사람을 대할 때 위계를 설정하고 마치 군대에서의 상명하복의 관계처럼 이해하기 시작하였는지 참으로 이해할 수 없는 일입니다.

저는 이러한 듣기 거북한 뉴스를 접할 때마다 사람에 대한 배려는 더욱 강조해도 모자라지 않다고 생각해봅니다. 우리가 덜 벌 거나 덜 즐기고 살더라도 이웃끼리 잘 어울리고 살 수 있는 방법이 있다면 마땅히 그렇게 해야 한다고 생각해봅니다. 소위 이러한 갑질 행태는 행복한 사회를 만드는 데 결코 유익하지 않을 뿐만 아니라 사라져야 할 삶의 방식일 것입니다. 왜 우리 사회에 이러한 행태들이 보이는 것일까 생각해본 적이 있습니다. 가정이지만, 우리 민족의 근대화 과정에서 오랜 시간 동안 축적돼 온 스트레스의 결과는 아닌가 생각해봅니다. 강점기의 억압과 전쟁과 분단의 과정을 겪으며 습득된 상명하복의 분위기가 사회 전반에 퍼진 것은 아닌지 생각을 해보았습니다.

이제 시대는 바뀌었고, 사회의 질서를 유지하기 위한 위계는 그러한 상명하복의 관계가 아니라는 것을 깨닫는 것이 중요해졌습니다. 오랜 전통의 유교 사회에서 지향한 것도 그러한 명령과 복종의 질서가 아니었습니다. 또한 계약서의 갑과 을이라는 것도 결코 상하관계를 명시한 것이 아니라는 것을 이해해야 합니다. 계약은 늘 서로가 의존적인 관계로 이루어지는 것입니다. 상호 의존적인 관계가 아니라면 계약을 할 이유가 없지요. 비용을 지불하는 대신 내가 할 수 없는 것을 해달라고 요청하는 것이 서로 간 계약의 필요충분조건인 것입니다.

우리에게 집이 필요한 이유는 행복한 가정을 이루고 거기서 살기 위한 것인데, 그 과정에서 만나는 수많은 사람들과의 관계에서 행복하지 않았다면 그 집을 결국 소유한다고 하여도 행복한 집이 되기는 어려울 것입니다. 행복은 결과로서 주어지는 것이 아니라 과정에서 맛보는 것이기 때문입니다. 집을 짓는 과정이 행복하지 않았다면 그 결과에서 행복을 누릴 수 있을 것이라는 생각은 모순된 기대가 아닐까요? 그런데 현실에선 집을 짓는 과정이 그리 쉽지 않습니다. 그놈의 '원수' 같은 돈이 결부되기 때문입니다.

우리 사회에서 오랜 덕목으로 지켜온 오륜의 내용을 보면 위계를 얼마나 중시하였는지를 잘 알 수 있습니다. 붕우유신을 제외한 장유유서, 부자유친, 군신유의, 부부유별 등이 모두 위계와 관련된 내용입니다. 경어가 유독 발달한 우리 사회에서 격론을 벌이기 어려운 이유가 이러한 위계가 때로는 옳고 그름을 판단하는 경우에도 지대한 영향을 주기 때문입니다. 이는 사회질서를 유지하는 강한 힘이 되기도 하지만 반대로 옳음을 논리적으로 주장하려고 할 때 극복해야 할 장애물이 되기도 합니다.

누가 더 옳은 주장을 하는지를 논쟁함에 있어서 누가 더 나이가 많은가 혹은 누가 권력을 쥐고 있는가, 누가 재력이 있는가 하는 것이 그 논쟁에 영향을 주어서는 안 될 것입니다. 하지만 우리 사회에서 대개의 논쟁은 그러한 위계에 의해서 결론지어지는 경우가 많습니다. 제가 건축설계를 함에 있어서 갑과 을이라는 관계설정에서 우려하는 것은 이러한 관계적 우위를 인정하는 순간 건축사는 올바른 건축설계를 진행할 수 없으며, 또한 좋은 집을 구상하는 것이 불가능해진다는 점입니다.

'내가 살 집인데 내가 원하는 대로 설계를 해주어야 하는 것 아닌가요?'라는 항변은 일부는 맞는 주장이지만 다른 측면에서는 옳지 않은 일방적 강요가 되거나 상대의 의사를 무시한 폭력이 될 수도 있습니다. 건축사는 의사와 변호사나 마찬가지로 그가 속한 분야에서의 전문가입니다. 때문에 건축주는 건축에서의 전문성을 요하는 내용에 있어서는 반드시 건축사의 조언에 귀를 기울이고 따라줄 생각을 가지고 있어야 합니다.

간혹 건축사가 사무실에 자리를 비운 사이에 찾아와서는 도면을 그리고 있는 직원을 불러서 창의 위치를 바꿔달라든지 주방을 더 키워 달라든지 하는 요구를 하는 경우가 있습니다. 창의 위치를 바꾸거나 주방을 더 키웠을 때 파생되는 외관상의 문제나 기구배치에 대한 문제를 스스로 판단해서 정할 수 있는 정도의 가벼운 문제라고 생각하는지도 모릅니다. 그것은 건축사를 집을 구상하는 전문가로 인식하지 못하는 것이라고 할 수 있습니다. 오히려 건축사가 건축주에게 담당 직원과 의논해서 원하는 대로 수정하라고 말한다면 화를 내면서 '내가 당신에게 설계해 달라고 의뢰를 했지, 경험이 적은 직원에게 설계를 의뢰한 것이 아니지 않으냐?'고 따져 묻는 것이 정상적인 태도라고 할 수 있습니다.

실제로 건축사가 여러 개의 프로젝트를 하다 보면 설계의 모든 부분을 집중해서 디자인하지는 못합니다. 그런 이유로 능력 있는 직원을 두는 것이기도 하고요. 그리고 디자인 능력으로는 유능한 직원이 건축사보다 더 뛰어나기도 합니다. 어쩌면 디자인 변경을 꼭 건축사와 협의하라고 하는 것은 건축사 스스로를 괴롭히는 일일 것입니다. 하지만 건축주 스스로의 판단으로 디자인에 손을 대지 못하게 하는 것은 건축설계과정을 혼자만의 독단으로 판단하지 않기를 바라기 때문입니다.

건축주와 건축사의 관계를 저는 술을 마신 차 주인이 운전할 수 없어서 대리운전 기사를 호출했을 때의 상황으로 비유하곤 합니다. 차 주인은 술을 마셨기 때문에 자기 집이 어딘지는 알지만 운전을 직접 해서는 안 되고, 대리운전기사는 운전은 아주 능숙하게 하지만 차 주인의 조력 없이는 차 주인의 집으로 차를 몰고 갈 수가 없겠지요. 그래서 무사히 집으로 돌아가기 위해서는 그 과정에서 차 주인과 대리운전기사의 긴밀한 협조가 반드시 필요합니다.

여기서 차 주인이 주의해야 할 점은 절대 직접 운전하려고 해서는 안 되며, 그렇다고 해서 방심하고 잠이 들어서도 안 된다는 것입니다. 직접 운전하는 것은 사고의 위험이 있고 그렇다고 편안히 잠들어버린다면 대리기사는 어디로 가야 할지 몰라 헤매고 말 것입니다. 이는 집을 짓고자 하는 의뢰인과 건축사의 상황과 똑같습니다. 자신이 갖고 싶은 특별한 집이 있다면 그 희망사항을 열심히 건축사에게 알려주고 요구해야겠지만 결코 직접 설계를 하겠다고 덤벼서는 안 된다는 것입니다. 옆에서 보기에는 쉬워 보이지만 직접 하기에는 매우 어렵고 복잡한 일이 건축설계입니다.

아름다운 선율을 떠올릴 수 있다고 해도 누구나 그것을 악보로 옮겨 적지 못하듯이 공간에 대한 상상력을 구체화하는 것은 매우 전문적인 일입니다. 일상에서 늘 경험하는 살림집의 경우에도 사람들은 '주택 정도야 나도 설계할 수 있지'라고 쉽게 생각하기도 하지만 고려해야 할 수많은 변수들을 하나씩 알게 되면 그것이 쉬운 일이 아니라는 것을 깨닫게 됩니다. 이마저도 공사 들어가기 전에 깨달아서 계획을 미리 수정할 수 있다면 다행이지만 공사계약마저 다 한 후에 잘못된 판단을 깨닫게 되면 매우 큰 금전적인 피해마저 감수해야 하는 상황이 벌어지게 됩니다.

건축사들도 고집이 센 건축주를 만나면, '그래, 해달라는 대로 해주고 빨리 설계를 끝내버리자'라는 유혹을 수도 없이 받게 됩니다. 하지만 이는 전문가로서도 심적으로 매우 고통스러운 순간이며 건축주 역시 스스로의 판단을 건축사에게 강요한 대가를 치를 수밖에 없게 됩니다. 이러한 상황으로 치닫는 그 첫 단추는 의뢰인과 건축사의 관계를 '갑'과 '을'이라는 상하의 계약관계로 여기는 순간 벌어지는 것입니다.

저는 제가 사용하는 설계계약서에 '갑'과 '을'이라는 용어를 삭제하고, '건축사'와 '의뢰인'이라는 용어로 대치하였습니다. 사실 갑을병정으로 시작하는 용어는 영어로 치면 ABCD와 같이 위계 없이 사용되는 용어입니다. A 군과 B 군이 있다면, 누가 형이고 동생인지 거기에는 아무런 선입견이 없지요. 그런데 어떻게 우리는 갑과 을을 그런 선입견을 가지고 쓰기 시작했는지 모르겠습니다. 사람들에게는 갑과 을이라는 말이 언제부턴가 '고용주'와 '고용인'이라는 말로 각인 되어있는 듯합니다.

제가 계약서에 '갑'과 '을'이라는 용어를 사용하지 않는 것은 소위 '을의 반란'처럼 자기 권리를 주장하기 위한 도발적인 생각으로 그러는 것은 아닙니다. 집을 구상함에 있어서 '건축사'와 '건축주'가 그런 위계관계로 이루어져서는 결코 좋은 집을 만들 수 없기 때문입니다. 가만히 생각해 보면 서로 쉽게 이해할 수 있는 관계일 것 같은데도 이렇게 건축주와 건축사의 관계설정에 민감한 저의 태도가 이상하게 여겨질 수도 있습니다. 하지만 분명 집을 짓기 위해서 만난 두 사람, 건축주와 건축사가 갑과 을이라는 용어로 표현될 수 없는 관계라는 것을 이해하는 것이 집을 짓는 사람을 이해하는 첫걸음이라는 점을 잊지 마시기 바랍니다. 오해하지 않았으면 하는 것은 이 이야기가 자존심을 내세우는 이야기가 결코 아니라 집을 구상하는 과정을 잘 이끌기 위한 전제조건을 설명하기 위해서라는 점을 알아주었으면 하는 것입니다.

저는 건축설계를 하면서 집을 구상하는 과정이 그저 열심히 한다고 해서 되는 일이 아니라는 생각을 자주 합니다. 많은 시간 일했다고 해서 많은 것을 생산할 수 있는 그런 종류의 노동이 아니기 때문입니다. 집을 구상하는 것은 창의적인 사고를 요하기도 하고 다양한 견문을 요하기도 합니다. 매번 똑같은 것을 만들어서 숙련된 기술을 터득하는 장인들과는 조금 다른 형태의 작업이라고 할 수 있습니다. 때문에 좋은 집을 구상하기 위해서는 열심히 일하는 것 못지않게 일을 멈추고 주위를 돌아보고 사색도 하고 휴식을 취하는 것도 매우 중요합니다. 이것을 이해하지 못한 채 열심히 일만 한다면 많은 양의 설계를 할 수는 있을지 몰라도 좋은 집을 설계한다는 것은 어렵습니다.

또한 일반적인 작업과 달리 건축설계라는 분야가 갖는 특수한 작업 형태를 건축주도 이해하는 것이 매우 중요합니다. 왜냐하면 건축주도 이 일을 같이해야 하기 때문입니다. 때문에 좋은 집을 디자인하기 위해서 건축사가 열심히 노력해야 하겠지만, 건축사 혼자만 또 열심히 노력한다고 좋은 결과가 보장되지도 않습니다. 건축설계를 함에 있어서 '갑'과 '을'이라는 용어가 갖는 이미지를 멀리하려고 하는 것은 이렇듯 건축주와 건축사가 같이 건축물을 구상해야만 하기 때문입니다. 어느 누구도 자신의 권리만을 내세우면서 일방적으로 디자인을 강요해서는 결코 좋은 집을 구상할 수 없습니다. 그런 면에서는 건축주가 '갑'이어서도 안 되며 건축사 역시 마찬가지로 '갑'이어서는 결코 안 됩니다.

하지만 그렇게 서로 동등한 권리와 입장을 가지고 만났다고 하여도 사람의 일이라는 것은 변덕스럽게 마음이 변하거나 뜻이 맞지 않아서 지속적인 관계를 유지하는 것이 어려워지기도 합니다. 어쩌면 인생사라는 것이 만남과 헤어짐의 연속일지도 모릅니다. 젊은 날 너무도 열렬히 사랑하여 평생을 같이하기로 약속하고 결혼을 결심한 수많은 부부도 일부는 그 결혼을 후회하거나 변심하여서 헤어지기도 합니다. 하물며 계약에 의해서 이루어진 건축주와 건축사의 만남이라는 것이 실망 없이 끝까지 지속될 것으로 기대하는 것이 오히려 꿈에 불과할 수 있습니다.

그러면 어떤 경우에 건축주와 건축사가 같이 좋은 집을 구상하는 길을 걸을 수 없게 될까요? 가장 중요한 이유로는 건축사의 불성실을 들 수 있습니다. 불성실하다고 판단하는 근거는 여러 가지가 있을 수 있습니다. 예를 들어 업무시간인데도 전화를 잘 안 받거나 이유 없이 연락이 안 되는 경우엔 건축사가 업무를 불성실하게 하는 것이라고 생각할 수 있습니다. 또는 협의하기로 한 약속을 자꾸 잊어버리는 것도 불성실함의 한 태도일 수 있습니다. 물론 이 핑계 저 핑계를 대면서 설계 진행이 늦어지는 경우에도 불성실하다고 생각할 수 있습니다.

대개는 불성실하다는 판단의 근거를 객관적으로 입증하는 것이 어렵다고 생각할 것입니다. 어쩌면 말투가 기분 나쁜 경우에도 불성실하다고 여길 수 있습니다. 저는 이 모든 어떠한 경우에도 의뢰인은 이러한 불성실을 이유로 계약파기를 요구하고 업무를 중단시킬 수 있다고 생각합니다. 건축사가 불성실의 느낌을 주었다는 것만으로도 좋은 집을 디자인할 수 있는 중요한 여건이 무너졌다고 생각하기 때문입니다. 좋은 집을 디자인할 수 있는 여건이 충족되지 않는다면 이미 둘의 관계는 아무런 의미가 없다고 할 수 있습니다. 건축사의 업무활동이 불성실하다고 판단되는데 설계계약을 지속해서 유지해야 할 의무가 건축주에게 없는 것이 아닐까요? 의뢰인의 입장에서 건축사가 불성실하다고 느껴진다면 소정의 위약에 대한 합의를 하고 계약관계를 종결하는 것이 현명하다고 할 것입니다.

반대로 건축사에게도 설계를 계속해서 진행할 수 없는 상황이 있을 수 있습니다. 설계비를 지급하지 않았다든지 당초 계약한 내용과 전혀 다른 내용의 설계를 요구한다든지 하는 경우는 당연히 계약철회 요건이 될 수 있습니다. 지금 제가 말씀드리려는 것은 건축사가 너무도 설계하기 싫어지는 두 가지의 경우입니다. 건축사가 불성실하지 말아야 할 의무가 있는 것처럼 건축주도 건축사에게 설계를 요구할 때 반드시 고려해야 할 요건이 있기 때문입니다.

첫 번째, 불법적인 내용을 요구하여서는 안 될 것입니다. 건축설계는 건축법의 범위 안에서 이루어져야 함이 당연합니다. 건축설계가 집의 외관을 디자인하는 것에 불과한 것이 아니라 건폐율, 용적률과 같은 건축법이 규정한 범위를 지키면서 디자인을 하는 것이기 때문입니다. 법을 지키는 것은 너무도 당연하기 때문에 이 글을 읽는 미래의 건축주들은 '당연한 말 아닌가? 불법을 저지르는 나쁜 짓을 왜 하겠어?'라고 생각할 것입니다.

하지만 건축과 관련된 법과 규정을 철저하게 다 지키면서 사는 사람이 현실적으로는 그리 많지 않습니다. 거리를 걸으면서 주위를 돌아보면 조립식 패널로 불법 증축한 건물들을 너무도 많이 봅니다. 종종 주차장을 막아서 창고로 쓰는 경우도 보며, 주택을 지을 수 없는 지역에 창고로 허가를 받은 다음 주택으로 개조해서 사는 경우도 봅니다. 물론 불법적인 요구는 설계에 반영될 수도 없지만 그것을 고려해서 설계를 해달라는 등의 요구 역시 고려할 수 없는 요청인 것입니다.

법이라는 것은 윤리의 범위 안에서 반드시 지켜야 할 것들을 규정한 것입니다. 법은 최소한 지켜야만 할 윤리규정들입니다. 남에게 삿대질하면서 욕한 것으로 법적으로 구속하지 않지만, 주먹질을 하면 법적으로 구속할 수 있는 것이 그런 이유입니다. 둘 다 윤리적으로 문제는 있지만, 그 정도가 심한 것을 법으로 규제하는 것입니다.

그런데 건축법의 규정에서는 일반인들이 생각하기에 윤리적으로 이해되지 않는 것이 종종 있습니다. 이를테면 주택을 지을 수 없는 지역에 창고로 허가를 받고서는 주거용으로 사용하는 경우가 그렇습니다. 내 땅에 내 돈으로 집을 지었고, 내 집에 내 돈으로 에어컨도 달고 난방도 하고 밥을 해먹었다고 해서 남에게 피해를 주는 것도 아닌데 왜 그게 불법이라면서 규제하는 거냐고 되물을 수 있습니다. 이러한 질문에 건축사라고 해도 논리적으로 대답하기는 어렵습니다. 단지 그런 경우 '여러 가지 이유를 고려해서 법으로 정해놓은 규정이기 때문에 그러한 것을 설계할 수는 없습니다'라고 대답할 수밖에 없습니다. 주택처럼 생긴 창고를 설계해 달라는 요청이 참으로 곤란한 요구이지요.

법을 해석함에 있어서 오해를 불러일으킬 수 있는 경우를 건축사들은 많이 보게 됩니다. 한번은 근린생활시설인 상가의 바닥을 온수난방을 하고 싶다고 해서 그것 좋은 생각이라고 하면서 설계를 그렇게 하였는데 허가관청의 공무원은 건축허가만 상가로 받고 주거용으로 사용하려는 것이 아니냐는 의심의 눈으로 바라보는 것이었습니다. 이러한 경우에 건축사는 건축주의 입장을 대변하면서 건축공무원을 설득해야 하겠지만 때로는 공무원의 법 해석이 이해가 되지 않는다고 하여도 허가관청에서 해석하고 권고하는 방향을 따라주어야 한다는 것입니다. 법이나 규정은 다 이해하면서 따라야 하는 것이 아니라 일단 정해진 이후에는 이유를 따지기 전에 먼저 규정을 따르는 것이 원칙이기 때문입니다.

디자인을 진행하다 보면 디자인으로는 이해가 되는데 법적으로는 어떻게 보아야 할지 어려운 경우가 정말 허다합니다. 그만큼 법으로 규제하기에는 너무도 다양한 경우가 발생할 수 있기 때문이지요. 예전에는 발코니의 경우 끝에서 1m를 건축면적에서 공제해 주었는데 지금은 다 넣도록 하고 있습니다. 그렇게 발코니 전체를 건축면적에 넣으라고 하니까 건축면적에서 제외되는 캐노피에다 난간을 달아서 사용하도록 만들어놓은 경우도 보았습니다. 정말 이런 경우를 문구해석을 중심으로 '왜 캐노피에는 난간을 달고 사람이 올라가면 안 되는 조항이라도 있느냐?'고 따지면서 묻는다면 이를 규제해야 하는 공무원도 참으로 난감할 것입니다. 이러한 법적인 해석의 문제에 있어서, 건축주와 건축사의 입장과 견해가 다를 수 있고, 또한 담당 공무원이나 건설교통부의 입장과 견해가 다를 수 있습니다.

어떤 경우에는 건축심의를 받아보니 심의 결과가 경사 지붕으로 디자인하라고 하였더니 의뢰인은 '그러면 1/50 정도로 경사를 두지요'라고 하는 것입니다. 1/50도 경사라고 한다면 경사이지만 평지붕에서의 구배를 준거나 다름없는 경사를 주고서 경사 지붕이라고 한다면 참으로 난감해집니다. 어느 정도 이상의 경사가 있어야 경사 지붕이라고 할 수 있을까요? 10m 길이에 20cm 정도의 높이차가 있는 지붕을 경사 지붕이라고 할 수는 없겠지요. 이것도 경사 지붕이라고 왜 못하냐고 한다면 그런 요구에까지 일일이 논리적 설명을 해야 하는 것은 아니라고 생각됩니다. 설마 그런 식으로 말하는 사람도 있냐고요? 예, 충분히 있을 수 있습니다. 법을 문구대로만 읽으면서 유리하게 해석하자면 얼마든지 상식적이지 않은 해석을 할 수 있습니다.

이렇게 법의 해석 관련, 건축사의 의견을 따르지 않고 관청에서 의도하는 바를 따라주지 않는다면 설계하는 것이 매우 어려울 수밖에 없습니다. 설계하면서 많이 들어본 항변 중 하나가 '남들은 해도 되는데 당신은 왜 안 된다고 합니까?'라는 말입니다. 다른 사람들이 편법을 하여서 어찌어찌 넘어간 것인데 당신도 그렇게 넘어가도 되는 것 아니냐고 하는 것은 정당하지 않은 요구입니다. 그러한 요구에 건축사는 응할 수도 없고 그런 경우에 설계를 거부하는 것은 매우 당연하고 이유 있는 요구입니다.

불법적인 요구가 아니라고 하더라도 건축사가 설계를 거부할 수 있는 중요한 요건은 건축주의 요구가 건축사의 디자인 철학과 크게 다른 경우입니다. 이 점을 이야기하면 대개 쉽게 이해하지도 못할 뿐 아니라 대수롭지 않고 상투적인 이야기라고 생각하는 경우가 많습니다. 하지만 건축사로 일하면서 몇 번이고 고민하다가 몇 번의 설계협의가 제대로 되지 않는 경우를 겪고 나서는 이 이야기를 꼭 건축주에게 해야겠다고 생각하게 되었습니다.

건축사가 건축설계를 하겠다고 계약서를 작성하는 것은 건축주를 위해서 비용을 받고 그의 재능을 제공하기로 약속하는 일이라고 할 수 있습니다. 때문에 건축설계 행위는 누구를 위한 것인가 하면 그 집의 주인이라고 할 수 있는 건축주를 위한 것입니다. 때문에 아무리 건축사의 디자인이 훌륭하다고 하여도 건축주가 싫다고 하면 그 집은 지을 수 없는 것입니다. 건축사가 아무리 좋은 디자인을 보여주고 대단히 훌륭한 구상을 제시한다고 하여도 그것을 실현할 것인가 말 것인가 하는 최종 결정권은 건축주에게 있는 것입니다. 그러한 결정권을 건축주가 갖고 있다는 점에서 건축설계 논의에 있어서도 건축주가 우위에 있다고 생각하기 쉽습니다. 하지만 건축사가 자신의 구상을 실현하기 위해 건축주에게 동의를 구하려고 노력한다고 해서 그 모습을 교수님에게 검사를 받는 건축과 학생과 같은 입장으로 바라보아서는 안 될 것입니다. 건축주가 디자인 결정권을 가지고 있다고 하여도 결코 건축을 전공한 교수가 될 수는 없기 때문입니다.

건축주와 건축사가 만나서 설계를 같이 이야기하는 이유는 좋은 집을 짓기 위한 것이지 그 외의 다른 이유가 먼저일 수는 없습니다. 결국 좋은 집을 구상하기 위한 논의를 함에 있어서 누군가가 우위를 점하는 것이 중요한 것이 아닙니다. 논의 과정에서는 서로 상대방의 생각을 존중하고 자신의 주장을 말하기 전에 상대의 말에 귀를 기울이는 태도가 절실히 요구됩니다.

디자인이라는 분야는 매우 주관적인 부분이 많습니다. 때문에 디자인을 소재로 논쟁하는 것은 수학문제를 풀거나 물리실험을 하는 것처럼 올바르다고 할 수 있는 분명한 답안을 제시한다는 것이 대부분 불가능합니다. 그러한 주관적인 문제에서 의견이 심하게 다를 수 있습니다. 매우 깔끔하고 군더더기 없는 디자인을 추구하는 건축사를 찾아와서 온갖 장식이 달린 디자인을 해달라고 하면 건축사는 건축주의 취향에 맞추어서 설계하는 것이 곤혹스러울 수 있습니다.

만약에 곤혹스럽다고 해도 이미 계약했으니 최선을 다해 디자인하는 것이 당연하지 않느냐고 제게 묻는다면 저는 단연코 아니라고 대답할 것입니다. 왜냐하면 그것은 서로를 불행하게 하는 행위일 뿐이기 때문입니다. 그리고 건축사 역시 그러한 요구에는 매우 서투를 수 밖에 없을 것입니다. 그것은 주방용 칼을 만드는 장인에게 면도용 칼을 만들어달라는 것처럼 전혀 다른 분야일 수 있기 때문입니다. 때문에 자신의 취향에 맞는 디자인을 할 수 있는 건축사를 찾는 것도 의뢰인에게는 매우 중요한 과정일 수 있습니다.

저는 디자인을 예를 들어서 말하였지만 사실 설계를 포기하고 싶을 정도로 심각한 상황이 디자인 때문에 발생하는 경우는 별로 없었습니다. 하지만 디자인이라는 취향의 문제보다도 전문가로서의 양식을 위태롭게 하는 경우가 있을 수 있습니다. 이러한 경우에도 건축사에게 계약관계를 포기할 수 있는 권리가 주어져야 할 것입니다.

이해하기 쉽도록 극단적인 예를 들자면 일제 강점기하에서 멋도 모르고 계약하였는데 요구되는 설계가 독립투사를 가두고 고문하는 시설이라면 그 계약을 파기할 수 있는 권리 정도는 전문가에게 주어져야 하는 것이 아닐까요? 좀 더 현실에 가까운 예를 들자면 건축사가 제주의 오름을 매우 좋아하는 사람인데 제주의 중산간에 땅을 가진 사람이 골프장을 개발하겠다고 할 때 '나는 그것을 설계하고 싶지 않다'고 할 권리는 전문가가 사용할 수 있는 양식적인 권리가 아닐까요? 건축이 아니더라도 자기 분야에서는 도덕적인 판단을 할 수 있는 것이 전문가에게 주어질 수 있는 권리일 수 있습니다. 과거의 삼풍백화점 사고와 최근 발전소에서의 안전사고와 같은 경우에도 그 이전에 전문가들의 주의를 무시하였던 발주처의 태도가 있었다고 합니다.

물론 제게 그런 거창한 설계가 들어올 리는 만무하지만 건축물의 설계에는 도덕적인 판단과 전문가로서의 양식적 판단을 요구하는 상황이 분명히 있습니다. 근대건축의 아이디어를 제공했다는 아돌프 로스의 '장식은 죄악'이라는 선언은 장식이 없는 근대건축 디자인을 암시하는 말로도 유명하지만 건축에서의 도덕적인 문제를 거론하였다는 점으로도 유명합니다. '저는 건축사의 양심을 걸고 이러한 요구는 받아들일 수 없습니다'라는 말이 건축사의 입에서 나온다면 건축주는 자신이 원하는 것에 어떤 문제가 있었는지를 돌아보고 그 건축사가 더 고통스러운 짐을 짊어지지 않도록 배려해 주어야만 합니다. 역으로 말하자면 의뢰인 역시 단지 계약하였다는 이유로 자신의 취향을 맞추기 어려운 건축사와 디자인 문제를 논의하고 설계를 계속해서 진행하는 것은 매우 고통스러운 일이라고 할 수 있습니다.

건축설계를 하기 위해서 의뢰인과 건축사가 만났을 때 최소한 그 두 사람의 관계에서 어떤 점을 서로 배려해야 하는지를 몇 가지 사례를 들면서 이야기해 보았습니다. 저는 이 둘의 만남과 계약이 단순한 사무적인 관계가 아니라 매우 긴밀하고 신뢰하는 관계로 이루어져야 한다는 것을 이야기하고 싶었습니다. 이 점을 지나치게 오해해서 저녁마다 같이 술을 마시고 인생을 이야기하고 삶의 고민을 나누는 죽마고우가 되어야 한다고 생각하지는 마시기 바랍니다. 다만 이 둘의 만남이 사무적인 계약관계 혹은 갑과 을이라는 위계를 바탕으로 하는 관계가 아니라, 서로의 생각을 긴밀하게 주고받으면서 좋은 집을 만들기 위한 이인삼각 걸음의 배려가 필요한 관계임을 생각해 주기를 바라는 마음입니다.

좋은 집을 구상하는 건축설계의 과정은 꽤 긴 시간을 요구합니다. 저는 설계 기간을 물을 때마다 최대한 짧게 말하려고 하지만 늘 시간이 너무 많이 걸린다는 이야기를 들었습니다. 그럼에도 막상 설계해 보면 예상했던 시간 안에 설계를 마무리 지어 본 적이 거의 없었던 것 같습니다. 설계하는 시간이 생각처럼 금방 걸리지 않는 것은 이 이인삼각의 속성 때문이라고 말할 수 있습니다.

내 마음대로 구속 없이 설계한다면 아무리 복잡한 설계라고 한들 설계 기간을 원하는 대로 조정하는 것이 어렵지 않을 것입니다. 하지만 혼자 달리는 것이 아니라 두 사람이 다리를 동여매고 같이 달리는 경주는 호흡과 박자 그리고 배려가 중요합니다. 심지어 저는 그게 달리기 시합이라고 한들 얼마나 빨리 달리는지는 중요하지 않다고 생각합니다. 조금 늦어도 좋고 1등을 못하고 3등이나 꼴찌를 한다고 하여도 같이 다리를 묶고 달리는 사람이 힘들지 않도록 배려하면서 달리는 것이 중요합니다. 그런 설계의 과정을 중시하는 것이 저의 설계방법론입니다. 건축사와의 만남은 이렇게 불편하게 이인삼각의 달리기를 하는 파트너를 만나는 일입니다.

03 건축주와 건축사

집을 짓는 사람 중에 가장 중요한 역할을 맡은 사람은 누구일까요? 그것은 당연히 건축주입니다. 집을 짓는 이유 자체가 건축주를 위한 것이기 때문에, 집을 원하는 이도 건축주지만 집을 짓는 목적도 건축주에게 있는 것입니다. 그럼에도 불구하고 여태까지 건축주가 집을 짓는 데 있어서 어떤 역할을 하는 사람인지 또 어떻게 이해되어야 하는지 고려해본 적이 거의 없는 것 같습니다.

단적인 예를 들어보면 흔하게 볼 수 있는 건축작품 사진들을 보면 멋있는 공간과 건축물의 모습을 보여주지만 거기에서 식사를 하고 농사를 짓고 잠을 자고 가족들이 모여서 대화하는 모습은 거의 보이지 않습니다. 건물을 촬영하는데 거기 있는 사람들이 방해가 된다고 생각한 것일까요? 물론 건축물을 소개하는 것 자체가 목적인 경우에는 건축주를 촬영 대상에서 제외할 수도 있지만, 그런 사진을 자꾸 접하다 보면 건축의 목적이 사람이 아니라 건축물 그 자체인 줄로 착각하게 되기도 합니다. 아주 위험한 착시라고 할 수 있습니다. 그러한 오해는 건축에 대한 이해를 방해하기도 합니다.

세상에서 연극만큼 무대가 중요한 예술은 없습니다. 무대를 만드는 목적은 그곳에서 공연될 연극의 내용을 돋보이게 하기 위함입니다. 그런데 건축 사진과는 달리 무대 모습만을 목적으로 사진을 찍는 경우는 별로 없더군요. 확실히 공연예술의 경우에는 무대의 목적이 그 자체가 아니라 거기에서 벌어지는 행위에 있다는 것을 분명히 알고 있는 듯합니다. 그런데 실은 건축예술의 목적도 마찬가지입니다. 건축물 자체가 건축디자인의 목적이 될 수 없다는 것을 깨닫는 것은 건축을 공부하는 학도들에게는 매우 중요한 부분입니다. 그것을 강조하는 이유는 건축물 자체가 건축디자인의 목적인 줄로 착각하는 경우가 적지 않기 때문입니다. 건축은 삶을 담는 그릇이라고 하였습니다. 때문에 건축사는 인간의 삶에 대해 어떻게 이해할 것인지를 먼저 고민해야 할 것입니다.

그래서 건축설계를 하는 과정에서 건축주는 매우 중요합니다. 집의 존재 이유 자체가 건축주를 위한 것이기 때문입니다. 때문에 건축사는 건축주가 원하는 집을 이해하기 위해 어떻게 노력해야 할 것인지를 고민해야 합니다. 집을 구상하고 짓는 활동의 과정에서 건축주를 단순히 자금 투자가 정도의 역할로 생각하였다면 이제 그 생각을 바꾸어야 합니다. 집을 짓는 데 건축주는 분명 자금을 대는 투자자에 불과하지 않습니다. 현실적으로 건축주의 결정 없이, 그리고 건축주 스스로 본인의 책무를 다하지 않고는 좋은 집이 저절로 지어지지 않습니다.

가끔 어떤 건축주는 건축사에게 모든 권한을 위임하고 건축사가 원하는 대로 디자인해 보라고 하였다고 당당하게 말하기도 합니다. 그는 아마도 건축설계의 전문가인 건축사에게 모든 권한을 위임하는 것이 올바른 건축주의 태도라고 믿었는지도 모릅니다. 하지만 자신의 집을구상하는 데 있어서 건축사에게 자신의 희망사항을 일방적으로 들어달라고 요구하는 것만큼이나 자신의 집을 구상할 건축사에게 아무런 요구를 하지 않는 것 역시 건축주로서는 올바른 태도가 아니라고 할 수 있습니다. 분명 집을 구상하고 짓는 모든 과정에는 건축주가 해야만 하는 역할이 있기 때문입니다. 앞에서도 말했지만 차 주인이 잠들어버리면 대리운전기사가 아무리 운전 실력이 좋다고 해도 의뢰인의 집으로 차를 몰고 갈 수 없는 것과 마찬가지로 좋은 집에 대한 건축주의 생각이 열려있지 않다면 건축사 혼자서는 좋은 집을 구상할 수 없는 것입니다.

좋은 집을 짓고자 한다면 건축주 역시 스스로 역할에 대해서 생각을 해보아야 합니다. 집을 구상하는 일을 하면서 맨 처음 건축주에게 던지고 싶은 질문이 있다면, '건축사가 구상한 집은 누구의 집일까요?'라는 질문입니다. 소유의 문제를 물어보는 것이라고 한다면 그 답이야 당연히 '건축주의 집'이지요. 하지만 이 질문은 그리 단순하지 않습니다. 이 질문에 대해 오랜 시간 묻고 답하는 과정을 통해서만이 건축주의 입장과 건축사의 입장이 무척 다를 수 있다는 것을 깨닫게 됩니다.

집을 설계한다는 것도 일종의 예술활동이라고 할 수 있습니다. 예술활동은 작가가 있고 그의 의지가 담겨있는 작품이 있는 활동입니다. 건축이라는 예술활동에서도 작가와 작품이라는 것이 있을 것입니다. 하지만 그런 기본적인 예술활동의 구조에서부터 건축은 조금 다른 형태를 가지고 있습니다. 여기에서 저는 건축물이라는 예술활동의 작가가 누구인지를 재차 물어보려고 합니다.

예술활동이라는 것도 인간만이 누리는 문화적 삶의 한 단편입니다. 인간이 아닌 어떤 동물이 예술활동을 한다는 것은 상상하기 어렵지요. 아무리 어떤 동물이 높은 지능을 가졌다고 하더라도 고작 간단한 도구를 이용할 수 있는 정도이지 예술활동을 한다는 것은 인간만이 누리는 특권이라고 할 수 있습니다. 혹자는 이러한 예술활동을 인간만이 누린다는 이유로 야생의 동물과는 차별하여 인간의 차원을 높게 말하려고 할 것입니다. 하지만 냉정하게 말하면 인간만이 누리는 문화라는 것 자체가 본래 자연이 지향하는 모습과는 매우 멀어진 상태를 의미하는 것이라고 할 수 있습니다. 더 나아가 비판적으로 말한다면 인류가 만들어낸 문명과 규율 그리고 사회조직 등 수많은 유무형의 결과물들이 자연적인 삶을 거부하면서 만들어낸 것입니다. 이제 와서 인간이 아무리 생태적이고 자연적인 삶을 지향한다고 하여도 완전히 자연으로 돌아가서 살 수는 없을 것입니다.

따라서 예술과 문화는 자연 상태를 지향하는 것이 아닙니다. 오히려 자연적이고 본능적인 삶과는 전혀 다른 형태이지요. 집은 그 탄생 배경 자체가 자연으로부터 인간을 보호하기 위한 장치로 고안된 것입니다. 즉 집이라는 것은 자연환경을 차단하고 인간만을 위한 공간을 만들어내기 위한 장치로 고안된 것이지요. 맹수로부터, 그리고 매서운 추위로부터 자신과 가족을 보호하기 위해서 고안된 것입니다. 집을 생각하고 만드는 그 순간부터 인간은 자연과는 점차 멀어지는 삶을 선택한 것은 아니었을까요. 우리가 소중하게 여기는 도덕적 가치, 전통적인 삶, 그리고 공동체적인 윤리의식 등도 사실은 자연과 점차 멀어지는 삶을 선택하고 스스로 보호하기 위한 방편으로 만들어진 것이라고 할 수 있습니다.

문화와 예술활동이라는 것이 자연적 삶과 멀어지는 인간만의 행위라는 것을 굳이 강조하는 것은 그것의 가치를 평가절하하기 위한 것이 아닙니다. 오히려 어떤 면에서는 자연이 지향하는 바와 다른 삶을 선택한 인간이 얼마나 위대한 유산을 만들어 왔는지를 입증하는 것이기도 합니다. 그리고 자연의 위협으로부터 보호하기 위한 집이라는 것 역시 위대한 인류의 유산이라고 할 수 있습니다. 하지만 그러한 문화유산의 위대함은 단지 자연을 극복한 점에 있는 것이 아니라 그 문화유산의 지향점이 나름대로의 의미 있는 가치를 만들어 왔기 때문입니다.

인간이 만들어온 수많은 유산들 중에서는 그 지향점이 바람직하지 않은 결과물도 적지 않습니다. 총과 대포 같은 무기가 그런 것이겠지요. 하지만 총과 대포라는 사물 그 자체가 나쁜 것은 아닙니다. 똑같은 칼이어도 누군가의 손에서는 요리하는 데 쓰이고, 누군가의 손에서는 살인하는 도구가 되는 것처럼 사물 그 자체에 사악한 의지가 있는 것이 아니라 그 사물을 이용하는 사람에게서 도덕적 의지가 드러나는 것입니다. 예술작품이라는 것도 선한 작품과 악한 작품이 있다고 구분하려 한다면 그 작품 자체만 가지고 판단할 수 있는 것이 아니라 그것을 제작한 작가와 그것을 감상하는 향유자가 있을 때 가치판단이 가능한 것입니다. 건축물에서 그러한 가치판단을 하게 하는 가장 중요한 위치에 있는 사람이 있다면 그 사람이 바로 건축주라고 할 수 있습니다.

건축물도 하나의 예술작품이라는 이야기를 들어보셨을 것입니다. 건축사가 하는 일에 대해서 이야기하기 전에 꼭 이해해야 할 것이 건축과 예술에 대한 개략적인 이해입니다. '그래 당연히 건축도 예술이겠지. 그렇다고 하자'라고 해버리면 간단한 일이지만 건축설계과정을 이해함에 있어서 건축디자인이라는 예술활동이 다른 예술활동과 어떻게 다른지를 이해하는 것은 무척 중요합니다. 물론 저의 생각도 하나의 견해에 불과합니다. 또한 건축사들마다 건축디자인이라는 예술활동을 바라보는 입장이 전혀 다를 수 있습니다.

건축역사를 보면 위대한 건축물로 이집트의 피라미드와 그리스의 파르테논 같은 건축물이 등장합니다. 물론 훌륭한 예술작품이기는 하지만 그것을 고안한 작가가 누구인지는 밝혀진 바가 없습니다. 우리나라의 경복궁이나 숭례문 역시 그렇습니다. 훌륭한 예술품들의 경우 대개 작가가 누구인가 하는 것이 중요한데 이렇게 작가를 알 수 없는 경우는 보통 '작자 미상'이라는 말을 쓰기도 합니다. 하지만 작자 미상이라고 하기보다는 인류 자체가 작가인 경우도 있습니다. 거대하고 위대한 건축유산들이 대개 그러합니다. 고전 건축물을 구성하고 있는 많은 부재의 디테일들은 인류역사를 통해 누적된 지식들에 의해서 만들어진 경우가 많습니다. 과거의 위대한 건축물은 한 명의 작가에 의해서 이루어지기보다는 공동체 집단에서 오랫동안 누적된 경험과 지식을 통해 탄생하기도 했습니다.

특정 건축물이 누구의 작품인가를 주목하기 시작한 시대는 15세기경 이탈리아에서 시작된 르네상스 시대라고 할 수 있습니다. 당시의 베니스에서 동양과의 교역을 바탕으로 거대한 자금력을 가지고 있던 메디치가(家) 같은 자본가들이 예술가들에게 지원하면서 소위 문예 부흥으로 알려진 르네상스가 꽃을 피우게 되었음은 이미 잘 알려진 사실입니다. 이는 건축에서뿐 아니라, 미술, 조각 그리고 음악에서도 작가와 작품이 명확한 한 세트로 인식되는 시기의 시작이었지 않은가 생각합니다. 그러면서 매우 뛰어난 예술품인데도 불구하고 작가를 알 수 없는 경우에는 '작자 미상'이라는 이름을 붙여주게 됩니다. 작가가 없는 예술품은 생각하기 어렵게 된 것이지요.

간혹 민화 또는 민요라는 말을 들은 적이 있을 것입니다. 민화와 민요는 작품성이 뛰어난 경우에도 그 작가가 누구인지를 알 수 없어서 아쉬움을 줍니다. 대한민국 사람이라면 누구나 다 알고 재편곡도 즐겨 이루어지는 〈아리랑〉 역시 뛰어난 예술이지만 원작자를 알 수 없는 경우이지요. 이러한 민화와 민요 역시 한 사람의 뛰어난 작가에 의해 만들어지는 게 아니라 사회공동체가 작가라고 할 수 있습니다. 누군가 흥얼거리던 음성이 민요가 되고 훌륭한 작품이 될 수도 있다는 이야기입니다. 훌륭한 작가에 의한 소설도 있지만 누군가가 시작하여 많은 사람이 각색하고 변형하며 전해 내려온 전설과 신화와 같은 구전문학도 매우 훌륭한 작가 없는 예술품들입니다. 버나드 루도프스키가 쓴 〈건축가 없는 건축〉을 보면 세계의 모든 지역에서 작가 없이 인류가 만들어낸 위대한 유산들이 있음을 알 수 있습니다. 저는 오히려 건축사에 의해 디자인된 건축물보다는 건축설계를 전문으로 하는 직업이 없던 시절에 이웃이 서로 힘을 보태어 만들었던 민가처럼 공동체의 세계관을 정확히 반영하면서 예술성 높은 건축물은 찾기 어렵지 않을까 하는 생각을 해봅니다.

르네상스를 기준으로 한다면 인류역사에 작가라는 호칭이 등장한 것은 겨우 600~700년 정도 되었습니다. 하지만 여전히 우리가 생산하는 수많은 사물 중에는 작가가 누구인지를 말할 수 없는 경우가 많습니다. 사소한 물건으로 생각하는 이쑤시개 하나도 사람들은 어떻게 하면 이용하기 편할까, 생산은 어떻게 해야 하고, 재료는 어떻게 공급받아야 할까를 고민하고 개발합니다. 하지만 이쑤시개를 고안한 사람이 누구인지 우리는 모릅니다. 아니, 설사 알았다고 해도 우리는 이쑤시개를 고안한 사람을 예술가라고 부르지는 않을 것입니다.

하지만 우리가 자연물을 가공해서 만들어낸 모든 생산물에는 그것을 고안해낸 작가적 고민이 들어있습니다. 이쑤시개도 예외는 아닙니다. 젓가락이나 숟가락도 마찬가지이며 심지어는 두루마리 화장지에 있는 무늬에도 작가적 고민이 있습니다. 다만 그것이 작품으로서 우리에게 감동을 주지 못하거나 널리 알려진 유명한 작가에 의해서 고안

된 것이 아니었기 때문에 우리는 작가와 작품을 연결시키는 데 실패할 뿐입니다.

인간이 만든 것 중에서 어떤 것은 사물에 불과하고, 어떤 것은 작품이 되는 것일까요? 작품이 되는 기준의 조건에는 반드시 작가가 밝혀져야만 한다는 것이 있는 것일까요? 하지만 이미 언급했듯이 작가의 등장이 별로 오래된 사건이 아니라는 것만 생각해 보아도 모든 문화적 생산물의 작가를 꼭 알아야 할 이유가 있는 것은 아닙니다. 어떤 경우에는 작가를 중요하게 여기지 않는 생산물도 있는 것입니다.

사실 대부분의 생산물에서 작가는 그리 중요하게 여겨지지 않습니다. 이를테면 앞서 말한 것처럼, 이쑤시개를 어떤 모양으로, 어떤 굵기로 할 것인가 고민한 사람은 분명 있겠지만 그것을 누가 디자인했는지는 중요하게 여기고 따지지 않습니다. 매우 훌륭한 자동차 디자이너는 있겠지만 불행히 아직은 자동차 디자이너의 명성과 영향력이 차를 구입하는 대다수의 소비자에게까지 영향을 주지는 않습니다. 오히려 자동차의 선택에 있어서는 그것을 디자인한 작가보다는 어느 회사에서 제작하였는지가 더 중요한 영향을 줍니다. 여전히 우리는 매사에 작가와 작품을 연결지어가면서 살고 있지는 않습니다.

그럼 어떤 경우에 작가가 중요하게 여겨지는 걸까요? 창작활동을 직업으로 하는 저마저도 작가라는 분류가 그렇게 중요한 것인지에 대해 가끔 의문을 갖습니다. 자본가에 의해 시작된 건축예술에서의 작가라는 호칭과 명예라는 것이 그렇게 중요하고 아름다운 것인지 가끔은 홀로 남은 제 작업실에서 생각해 보고는 합니다. 누구의 작품인가 하는 것이 중요하게 여겨진 것은 르네상스 시절 메디치가(家) 사람들과 마찬가지로 그들의 작품을 소유하고 싶어 했던 자본가들에게 중요한 것이 아니었을까요? 작가라는 호칭 역시 그들 스스로 원했던 것이 아니라 소장 작품의 가치를 높이고 싶었던 자본가들의 기획에 의해서 탄생한 것은 아닐까요? 작가의 명성이 중요해진 것은 마치 명품가방의 질을 그것을 만든 유명회사가 보증한다고 믿는 것처럼 작품 자체를 이해할 수 없을 때 작가의 유명세에 기대어보려는 것은 아니었을까요? 예술품을 만든 장인에게 중요했던 것은 작가라는 호칭이 아니라 작품 그 자체였을 것입니다.

게다가 작가라는 기준으로 볼 때 건축작품이라는 것은 순수예술작품과는 다른 속성을 가지고 있습니다. 예술작품은 어떻게 만들어지나요? 보통 예술작품이라고 하면 열정에 사로잡힌 예술가가 최고의 작품을 만들기 위해 밤낮을 잊고 정진해나가는 과정을 상상하게 될 것입니다. 실제로 우리는 주위에서 그런 고귀한 삶을 살아간 작가의 이름을 떠올릴 수 있습니다. 타히티 섬으로 떠난 고갱이나 남들이 이해하기 어려운 외로운 삶을 살아간 이상과 같은 시인, 〈취객〉이라는 영화에서 소개된 장승업 같은 작가들의 열정은 우리를 뜨겁게 합니다. 그 열정이 녹아난 생산물을 우리는 특별히 작품이라고 높여 부르게 됩니다.

하지만 기본적으로 예술작품 역시 생산물입니다. 어떤 작품이든 그것을 만들려면 비용이 발생합니다. 오로지 열정만으로 해결되는 것이 아니라는 말이지요. 이중섭은 가난했던 시절, 담뱃갑의 은박지에 그림을 그린 것으로 유명하지만 일반적으로 어떤 작가에게든 작품을 만들기 위한 비용은 사전에 필히 준비되어야 합니다. 그것은 마치 영화감독이 훌륭한 시나리오를 가지고 있어도 투자자를 만나지 못하면 영상화하는 데 실패할 수밖에 없는 것과 같습니다. 그림이나 음악, 문학과 같은 경우에는 작품을 만들기 위해서 자본보다는 작가적 열정이 훨씬 중요할 것입니다. 하지만 단지 작품제작을 위해 시간만 있으면 되는 경우라고 할지라도 실은 그 시간 자체가 바로 비용으로 환산되어야 한다는 것이 지금을 살아가는 현대인들의 보편적 사고라고 할 수 있습니다.

시를 쓰기 위해서 요구되는 비용에 대한 부담은 다른 예술활동보다 상대적으로 적을 수는 있지만, 생존을 전제로 하는 인간에게 있어서는 시를 쓰기 위한 시간조차도 비용 없이 얻을 수는 없습니다. 그림을 그리거나 작곡을 하는 경우에는 투자시간 이외에도 좀 더 구체적인 비용이 발생할 것입니다. 건축작품에 대한 이해가 필요하다고 하면서 갑자기 예술작품의 제작비용에 대한 이야기로 화제가 전환된 점에 대해서 아마도 의아하게 생각할지도 모르겠네요. 제가 설명하고자 하는 건축예술의 속성에는 이러한 작품과 비용 그리고 작가와 자본가의 관계에 대해 이해하는 일이 매우 중요합니다.

계속해서 예술 분야에서 투자비용의 중요성에 관한 이야기를 해보겠습니다. 예술활동 중에는 영화처럼 작품을 만들어내기 위해서 자본이 절대적으로 필요한 분야도 있습니다. 아무리 좋은 시나리오가 있다고 하더라도 영화는 자본 없이는 영화로 탄생할 수 없습니다. 영화를 만들기 위해 필요한 자본이라는 것은 때로는 웬만한 건축물을 만드는 것보다 더 많은 비용을 요구하기도 합니다.

그러면 건축예술은 어떨까요? 당연히 자본가의 지원 없이 건축예술은 그 존재 자체가 거의 불가능합니다. 물론 간혹 투자비 거의 없이 혼자만의 힘으로 폐자재만 모아서 집을 지었다는 전설적인 이야기도 없지는 않지만 그런 경우는 일반적인 경우라 할 수 없지요. 그러면 건축물을 짓기 위해서 많은 자본금이 필요하다는 이유가 건축예술이 다른 예술활동과 다른 속성을 갖는 중요한 원인일까요? 저는 건축에서 자본의 문제는 '투자한다'는 의미 이상이라고 생각합니다.

훌륭한 음악가는 자신의 머릿속에 떠오르는 영감을 언제든지 악보로 옮겨 적고 악기로 연주해 볼 수 있습니다. 대개의 화가는 자신이 원하는 그림을 그리고 나서 타인에게 전시회 등을 통해 선보이게 됩니다. 영화를 제작하려는 영화감독은 투자자를 만나기 전에 좋은 시나리오를 먼저 물색합니다. 대개의 예술활동은 작품이 발표되거나 제작되기 전에 미리 작가의 의지에 의해서 구상되고 제작됩니다.

하지만 건축에서는 작품을 미리 만들어서 전시하고 투자자를 나중에 만나서 설득하는 방식이 거의 이루어지지 않습니다. 건축작품은 항상 투자자 즉, 건축주의 요구가 먼저 있어야 실행할 수 있습니다. 아무런 요구가 없는데 건축가의 개인적인 의지만으로 도면을 그려보고 그것을 직접 건축물로 만들어보는 경우는 거의 없습니다. 간혹 의뢰인이 없이 상상 속의 건축물을 그리는 건축가도 있지만 그것을 건축작품이라고 하지는 않습니다. 지을 수 없는 건축도면을 그려본다는 것은 마치 연주할 수 없는 음악을 악보로만 그려보는 동결된 상태라고 할 수 있지요. 지어질 것을 전제하지 않은 건축스케치는 건축예술이기보다는 차라리 미술이라고 해야 할 것입니다. 아무리 열정적이고 천재적인 건축가도 자신의 영감을 자기자본으로 미리 만들어본다는 것은 거의 불가능합니다. 물론 그게 설계자 자신이 살거나 이용할 집이라면 한번 실현해 볼 수 있겠지만요.

건축예술은 그림에서 끝나는 것이 아니라 건축물로서 대지 위에 우뚝 서서 지어졌을 때 평가가 가능한 것입니다. 하지만 그렇다고 머릿속에 떠오르는 영감을 예술품으로 완성하기 위해서 수억의 돈을 써버릴 수 있는 사람은 거의 없을 것입니다. 때문에 건축예술은 기본적으로 의뢰인 즉, 자본가의 요구가 먼저 있어야만 실행할 수 있는 주문에 의한 생산행위입니다. 마치 우리 집에 필요한 다기를 만들어달라고 도공에게 주문하면 그때야 도공이 흙을 빚고 작업하는 것처럼 주문생산하는 시스템이지요. 그런 면에서 본다면 하나의 작품을 위해 수없이 많은 실패작품을 만들어보는 예술가들과는 너무도 다른 운명이지요. 건축사들은 연습해볼 새도 없이 바로 실전에 투입되는 운명에 마주치게 됩니다.

물론 현대 자본주의사회에서는 건축물도 미리 만들어놓고 판매하는 방식이 없지는 않습니다. 주로 아파트와 같은 분양 건축물은 사용자를 미리 상상하면서 디자인하고 건설도 하게 됩니다. 또 그것을 판매하기 위해 모델하우스라는 것을 만들어 소비자가 예측할 수 있는 결과물을 보여주고 투자를 요청하기도 합니다. 최근에는 분양하는 공동주택이 아닌 개인주택에서도 미리 디자인된 샘플을 카탈로그와 같은 것으로 보고 도면을 주문하는 방식도 새롭게 등장한 것 같습니다. 하지만 여기에서 저는 그러한 경우는 배제하고 이야기하겠습니다. 아직은 집을 구상하고 디자인하는 일이 직업인 입장에서 볼 때 미리 건축주를 예상하고 분류해서 디자인하는 방식을 건축예술이라고 하기에는 부담스러운 감이 있네요.

제가 여기에서 이야기하려는 것은 건축예술에서 의뢰인, 즉 건축주의 위치가 작가 못지않게 매우 중요하다는 점입니다. 투자자가 작품에 있어서 작가 못지않은 중요성을 가지고 있다는 점은 다른 예술활동과 매우 다른 형태의 예술행위라고 할 수 있습니다. 이를테면 영화를 제작하는 데 있어서 투자자는 자본을 대지만 영화 내용에 대해서는 침묵하는 것이 일반적입니다. 투자자는 영화제작과 관련해서는 시나리오 작가가 될 수도 없고, 감독도 아니며, 소비자도 아니기 때문입니다. 영화제작에 있어서 투자자는 단지 그 영화에 자신이 자금을 투자해서 비용을 회수하거나 이윤을 만들어낼 수 있을지가 주요 관심사일 것입니다.

하지만 건축에서의 의뢰인은 그러한 투자자와는 성격이 전혀 다릅니다. 의뢰인을 보통 건축주라고 이야기하기도 하는데 실질적으로 그 건축물의 주인이며 그 건축물을 점유하여 사용할 사람이기 때문입니다. 때문에 건축사가 설계하려는 건축물이 의뢰인 자신이 원하는 모습인지를 따져 묻는 것은 매우 당연한 일입니다. '창을 크게 해달라'든가 '출입문은 이쪽 방향으로 해달라', '외장재는 벽돌로 해달라' 하는 등의 요구는 자신이 소유할 건축물을 의뢰한 건축주로서는 당연한 권리입니다. 건축사라고 해서 그러한 요구를 부당하다고 말할 수는 없지요.

건축이 예술인가 아닌가 하는 논의는 실은 제가 매우 조심스러워하는 주제입니다. 당연히 건축설계는 예술행위입니다. 하지만 주의해야 할 점은 그렇다고 해서 건축설계라는 행위의 주체 즉, 건축예술작품의 작가를 오로지 건축사라고 할 수는 없다는 점입니다. 그 점이 특히 건축예술이 다른 분야와는 다른 점이라고 할 수 있습니다. 과거 인류의 오랜 역사를 들여다보아도 특정의 건축 작가 없이도 집은 계속해서 지어져 왔을 뿐 아니라 건축물을 구상하는 이에게 작가적 지위를 부여하게 되었어도 그 모든 과정을 혼자서 기획하고 완성시킨 적은 없다고 말할 수 있습니다.

집을 구상하는 것은 기본적으로 공동 작업을 기반으로 이루어지는 것입니다. 누구와 누구의 공동 작업을 말할까요? 그것은 최소한 건축사와 건축주 간의 공동 작업입니다. 건축예술에서 의뢰인은 단순히 건축작품의 제작비를 제공하는 투자자가 아니라 기획과 설계과정에 막강한 영향력을 행사해서 건축작품의 결과에 영향을 주는 실질적인 작가라는 점을 간과해서는 안 됩니다.

전혀 다른 특성을 가진 두 부류의 사람이 만나서 집을 구상하는 것이 바로 건축설계라는 것입니다. 한쪽은 집을 구상하는 데 익숙한 사람이며 다른 한쪽은 그 집을 실제로 사용하려는 사람입니다. 의뢰인은 자신이 갖고 싶은 집을 그려줄 수 있는 능력을 가진 사람을 원하며, 건축사 또한 자신이 구상하는 집을 구체화하기 위해 투자할 수 있는 의뢰인을 원하게 됩니다. 사실 집을 구상하는 것은 둘 다 하고 있는 일입니다. 세상에 자기가 살 집을 '돈을 얼마든지 대줄 테니 당신 마음대로 설계하시오'라고 할 의뢰인도 없거니와 전혀 건축에 문외한인 의뢰인이 요구하는 대로 그냥 도면을 그려주겠다는 건축사도 없습니다. 분명히 집을 디자인하는 데 있어서 둘 다 능동적이고 적극적인 태도를 가진 사람인 것입니다. 건축설계라는 것이 공동 작업이라는 이해가 부족할 때에는 오히려 이러한 적극적인 태도나 건축에 대한 기대가 서로의 이해부족을 탓하고 원망하게 하기도 합니다.

그러면 집에 대한 구상은 누가 먼저 하고 있을까요? 당연히 의뢰인입니다. 건축사는 의뢰인에게 요구받기 전에는 그 설계과정에 참여할 수 없습니다. 건축설계의 첫 시작에서 건축사는 의뢰인의 구상을 듣고 이해하는 것에서 출발합니다. 만약에 의뢰인이 건축기술에 대한 전반적인 지식을 이미 갖고 있다면 단순히 자신의 생각을 도면으로 그려주기만 해줄 수 있는 건축사가 필요하다고 생각할지도 모릅니다.

실제로 모 대기업 회장님은 자신이 건축에 대한 충분한 지식과 확신이 있다고 판단했는지 스스로 스케치한 안으로 설계할 것은 건축사에게 요구해서 사옥을 지었다고 합니다. 분명 좋은 방법이 아니죠. 회장이라는 지위가 모든 능력에서의 우위를 보장해 주는 것은 아닙니다.

자기가 살고 싶어 하는 집이 어떤 모습이었으면 하는지는 자기가 가장 잘 알 것이라는 믿음도 사실은 대단히 허점이 많은 생각입니다. 건축주에게 가장 심각한 피해를 주는 좋지 않은 상황은 당신의 집을 설계하는 건축사로 하여금 '그래, 당신이 원하는 대로 그려줄게'라는 결심을 하게 하는 것입니다. 전문가인 건축사를 설계에 적극적으로 대응하지 못하고 수동적인 상태로 만들어버리는 것은 정말 위험하기 그지없는 상황입니다. 건축사가 집을 구상하는 전문가이긴 하지만 그 주장을 폄에 있어서는 건축주의 뜻을 거스르면서 디자인을 전개하기는 어렵습니다. 때문에 건축주의 확신에 찬 주장은 건축사로 하여금 수동적인 태도를 갖게 할 수밖에 없습니다. 기술적으로 훌륭한 대화가 필요한 이유도 이렇듯 좋은 집을 만들려는 서로의 입장이 다르기 때문입니다.

건축사와 의뢰인의 만남에 있어서 서로에게 해주고 싶은 말이 있다면, '상대의 생각을 존중해 주라'는 것입니다. 좋은 집을 구상하는 데 있어서 누가 주도적으로 그것을 끌고 나갈 것인가 하는 것은 중요하지 않습니다. 오히려 건축사든 의뢰인이든 자신이 더 주도적으로 구상하는 것이 옳다고 생각한다면 좋은 집을 구상하는 데 실패하기 쉽습니다. 이 두 사람이 서로의 생각을 이해하고 또 공유하는 게 매우 중요합니다.

건축사를 수동적으로 만들지 않기 위해서 의뢰인이 주의해야 할 점이 있습니다. 이 점은 매우 중요한데, 무언가를 요청할 때 "~게 해주세요"라고 하지 않는 것입니다. 이를테면 "창을 크게 내주세요" 또는 "현관은 남쪽으로 해주세요" 식의 요청입니다. 이왕이면 "~하면 어떨까요?"라고 건축사의 생각을 되물어주는 것이 좋습니다. "창을 크게 내면 어떨까요?"라든가 "현관을 남쪽으로 하면 어떨까요?"라는 식으로 건축사의 생각을 물어주는 것이 좋습니다.

이런 질문법이 중요한 이유는 건축디자인이 결코 혼자서 하는 일이 아니기 때문입니다. 물론 이런 요청은 건축사에게도 당연히 필요한 것입니다. 아무리 위대한 건축사라고 하더라도 의뢰인의 의사를 무시한 독단적인 행동은 좋은 태도가 아닙니다. 아무리 훌륭한 작가라고 하더라도 의뢰인에게 필요하지 않거나 원하지 않는 작품을 제안한다면 그건 정상적인 태도라고 할 수 없습니다. 최소한 건축예술에서는 그렇습니다. 근대건축을 대표하는 주택인 판스워드주택은 건축주가 잘못된 설계로 인한 피해를 보았다면서 위대한 근대건축의 거장인 미스 반 데 로에를 고소한 것으로도 유명합니다. 훌륭한 작품으로 인정받는다고 하여도 생활을 불편하게 하는 공간을 만들었다면 그것은 좋은 집이라고 할 수 없습니다. 근대건축의 거장도 이런 실수를 하였는데 건축사 스스로 만족하고 건축주도 만족하는 그런 집을 설계한다는 것은 결코 쉬운 일이 아닙니다.

건축작품과 작가라는 소재를 통해서 강조해서 이야기하려는 것은 건축물을 구상하는 데 있어서 건축사와 건축주는 동등한 작가적 지위를 가지고 있다는 것입니다. 건축사는 건축주 역시 설계를 같이하는 작가적인 입장이라는 것을 배려하고 도와주어야 하며, 건축주 역시 자신의 집을 설계하는 건축사도 그 집의 디자인에 대해서는 지적 재산권을 가지고 있다는 것을 이해해야 합니다. 이 두 사람의 관계는 분리될 수 없는 매우 밀접한 관계인 것입니다. 건축사와 의뢰인은 자신이 어떤 생각을 가지고 있는지 자세히 상대편에게 알려주어야 할 의무가 있다는 것입니다.

건축사가 집을 구상하기 위해서는 의뢰인과 많은 대화가 필요합니다. 최근에 150평 규모의 단독주택을 설계한 적이 있었습니다. 문제는 제가 그렇게 큰 집에서 살아보지 못했다는 것입니다. 제가 설계했던 주택들이 대개 30평 정도의 규모였고 저 역시도 20평 내외의 평범한 집에서 살고 있습니다. 그런 것을 라이프스타일이라고 하는데 건축사가 의뢰인의 라이프스타일을 이해하지 못하면 설계하는 것이 정말 어렵습니다. 때문에 의뢰인은 건축사에게 자신의 생활방식을 친절하게 잘 알려주어야 합니다.

의뢰인이 건축사에게 자신이 사는 모습을 솔직하게 이야기한다는 것은 사실 쉬운 일이 아닙니다. 우리의 정서에서 자신의 부유함을 이야기하는 것은 마치 과시하고 잘난체한다고 하기도 하고 반대로 자신의 빈곤함을 이야기하는 것은 혹 부끄러워서 말하면 안 되는 것처럼 여기기도 하기 때문입니다. 하지만 건축사와 의뢰인의 대화에서는 이런 모든 것들이 자연스럽게 이루어져야 합니다. 건축사가 집을 잘 구상하기 위해서는 자신의 능력에 어울리는 집이 아니라 의뢰인의 상황에 어울리는 집을 구상해야 하기 때문입니다.

솔직한 대화라는 것이 이렇게 중요한데도 아쉽게 느끼는 것이 우리는 솔직한 대화보다는 상대를 배려하는 대화를 교양이라고 배워왔습니다. 상대방을 배려한다는 것은 자칫 자기 생각을 솔직하게 말하기보다는 돌려서 은유적으로 말하거나 혹은 상대방의 기분을 상하게 할까 봐서 말하기를 참아야 하는 것으로 생각될 수 있습니다. 그래서 사실은 설계보다 대화가 더 어렵습니다. 대화를 잘하기 위해서는 정말 예법과 교양 못지않게 용기도 필요합니다.

사람이란 개개인이 추구하는 바가 다 다르기 때문에 경험 많은 건축사도 개개인의 개성을 이해하는 것이 쉽지 않습니다. 하지만 환자가 자신의 아픔을 의사에게 잘 이야기해 주어야 적절한 처방을 받을 수 있듯이 의뢰인도 자신이 원하는 바를 건축사에게 잘 이해시킬 필요가 있습니다. 건축사로 하여금 자신이 원하는 집을 잘 구상할 수 있도록 하는 첫 번째 주의사항이 있다면 바로 이것입니다. 자신이 원하는 바를 차분하게 잘 정리하고 설명해 주어야 한다는 것입니다.

이렇게 말하면 간혹 건축사에게 자신의 생각을 이해해 달라고 설명이 아닌 강요하는 경우를 만나게 됩니다. 이는 자신이 원하는 바를 잘 설명해 달라는 저의 요청과는 아주 다른 것입니다. 그러한 상황을 피하기 위해서 몇 번이고 강조하는 것이 대화입니다. 대화는 서로의 주장을 펼치고 설득시키는 것이 아닙니다. 하나의 문제를 둘이서 같이 풀어나가는 과정에서 서로의 의견을 들어보는 것이 대화입니다. 대화에서는 자신의 생각을 말하는 것이 중요한 것이 아니라 상대의 이야기를 잘 듣는 것이 중요합니다. 자신의 생각을 이야기한 다음에 건축사가 무슨 이야기를 하는지를 잘 들어주시기 바랍니다. 그렇다면 건축사 역시 자신의 이야기를 듣고 또 다른 고민을 하고 있음을 알게 될 것입니다.

최근에 평지붕의 근린생활시설을 설계해 달라고 해서 평지붕 형태의 근린생활시설 디자인을 진행한 적이 있었습니다. 그런데 건축허가가 다 떨어지고 나서 도면을 본 의뢰인은 왜 옥상으로 올라가는 계단이 없냐고 묻는 것이었습니다. 개인적으로 평지붕이라고 해서 옥상으로 활용하는 것에 별로 필요성을 느끼지 못하던 저는 굳이 옥상 활용에 대한 생각을 미처 못 하고 있었고, 의뢰인은 평지붕으로 설계해 달라는 의미 속에는 옥상을 사용하려는 생각이 당연히 있었다고 주장하였습니다. 저 역시 일반적인 상식을 감안했다면 물어볼 수 있었을 텐데 묻지 않고 저의 상식으로 설계를 진행하였고, 의뢰인 역시 평지붕으로 설계해 달라는 요구만으로도 충분히 옥상을 활용하겠다는 의미가 전달된 것으로 생각했던 것입니다.

자신의 생각을 상대방에게 오롯이 전달하는 것은 이렇게 매우 어렵습니다. 건축사는 평면이나 입체 모델링을 보여준 것으로 건축물의 형태를 이해시켰다고 생각하기 쉬우나 막상 사람들은 자신이 궁금했던 부분만을 집중해서 보고 많은 부분을 보지 못하는 경우가 많았습니다.

건축설계의 과정이라는 것은 건축사만 알고 있으면 되는 것이 아니라 집을 짓고자 하는 의뢰인도 알아야 할 필요가 있습니다. 의뢰인은 자칫 자기는 건축을 잘 모르니까 요구만 하면 된다고 생각할 수 있습니다. 하지만 절대 그렇지 않습니다. 좋은 집을 원한다면 자신의 생각을 구체화하는 방법을 의뢰인 역시 찾아야 합니다. 그게 글이 되었든 사진이 되었든, 서투르더라도 그림이나 도면이 되었든 생각을 밖으로 끄집어내는 연습을 해야 합니다. 자신의 생각을 스스로 정리하지 못한다면 건축사는 의뢰인이 전혀 갖고 싶지 않은 엉뚱한 집을 그릴지도 모릅니다. 원하지 않는 설계에 대한 피해는 고스란히 건축주가 갖고 간다는 것을 기억한다면 건축주 역시 결코 건축사의 설계를 방관할 수는 없을 것입니다.

여기서 의뢰인이 주의할 것은 건축설계를 직접 하려고 해서는 안 된다는 것입니다. 의뢰인은 종종 자신의 생각을 구체적으로 전달하고 싶어서 도면을 직접 그려보려는 유혹을 받게 됩니다. 물론 간혹 그것을 아주 잘 표현하는 의뢰인을 만나기도 합니다. 마치 음악을 전공하지 않았어도 작곡을 잘하는 사람처럼 말이지요. 하지만 그런 천재는 정말 드물기도 하거니와 그렇다고 하더라도 기술적인 면에서 결코 전공자를 뛰어넘지는 못합니다. 저는 자신의 생각을 도면과 스케치로 잘 표현하는 많은 의뢰인을 만나보았습니다. 하지만 결론은 직접 그리는 것이 절대 바람직하지 않다는 것이었습니다.

둘이서 같이 구상하는 과정에서 각자 다른 그림을 그리는 것은 바람직하지 않음을 건축사는 알고 있습니다. 의뢰인이 직접 도면을 그리거나 스케치를 하려고 하면 건축사는 스스로 생각을 멈추고 의뢰인의 그림을 체크하고 보정하려는 쪽으로 접근방식을 전환하게 됩니다. 이는 결코 바람직하지 않으며 이러한 상황은 건축과에 들어온 학생이 집을 설계하겠다는 것을 끝까지 선생이 지켜보면서 지도하는 상황과 비슷합니다. 이런 방법으로는 어느 정도 자신의 눈에 맞는 집은 구상할 수 있겠으나 결코 그 이상의 좋은 집은 구상될 수 없습니다. 일 년 동안 고민한 학생의 설계가 건축과 교수의 눈에 만족스러울 수 없는 것과 같습니다.

의뢰인은 자신이 원하는 집을 직접 그려보려고 하기보다는 좀 더 긴 시간을 두고 대화하고 그 생각을 정리할 수 있도록 건축사에게 요청하시기 바랍니다. 예외적인 경우가 전혀 없지는 않으나 의뢰인이 도면을 직접 그리려고 시도하지 않기를 바라는 이유는 차후 말씀드리도록 하겠습니다.

04 디자이너와 엔지니어

거리를 걷다 보면 도대체 어떻게 만들어진 건지 또는 재료가 무엇인지 알 수 없는 건축물을 자주 보게 됩니다. 새로운 재료와 공법은 계속 쏟아지는데 건축사들은 그러한 재료의 특성을 어떻게 이해하고 설계하는 걸까요? 대개 일반인이 건축사에 대해 오해하는 것 중 하나가 건축사는 집을 짓는 모든 과정을 이해하고 있을 것이라는 생각입니다. 만약에 건축사가 설계할 때 건축물을 구성하는 모든 재료에 대한 특성들을 다 이해해야만 설계할 수 있다고 한다면 접하지 못했던 새로운 재료를 이용해서 설계한다는 것은 거의 불가능할 것입니다.

건축사도 건축물을 설계하면서 직접 경험하는 데는 한계가 있기 때문에 새로이 등장하는 수많은 재료와 공법을 경험을 통해서 이해하는 것은 거의 불가능하다고 할 수 있습니다. 일전에 원로 건축사와 대화하다 보니 그분이 대학교에 다닐 적에는 시공수업시간에 주로 배웠던 건축물의 구조가 목구조였다고 합니다. 당시에 철근콘크리트 구조라는 신공법에 대한 과목이 있어도 그분 생각에는 자기 생전에 철근콘크리트로 집을 지을 일이 있겠는가 하고 생각했다고 합니다. 지금 생각해 보면 어떻게 그런 생각을 할 수 있었을까 할 정도로 철근콘크리트 공법이 보편화 되었지요. 아이러니한 것은 오히려 지금 대부분의 건축사들은 목구조에 대한 수업을 들은 적도, 목구조로 설계해본 적도 거의 없어서 목조건축을 설계해 달라고 하면 당황한다는 것입니다.

이렇듯 건축사들은 직접 배우지 못한 공법이나 기술을 적용해서 건축물을 설계해야 하는 경우를 맞닥뜨리기도 합니다. 하지만 그렇다고 해서 건축사에게 일반인과는 달리 신기술에 대한 정보를 얻는 특별한 방법이 따로 있는 것도 아닙니다. 물론 전문잡지나 건축사협회 등을 통해서 기초적인 건축기술의 변화의 흐름을 듣는 경우는 종종 있지만 대개의 경우 그것은 단순한 정보에 불과하지 기술적인 내용을 속속들이 이해할 수 있는 정도의 정보망은 아닙니다.

건축사들은 최근에 준공된 작품을 통해서 새로이 등장한 자재에 대한 소식을 접하고 그 자재에 대한 궁금증으로 홍보서류 같은 것을 구해서 보기도 합니다. 하지만 대개 직접 설계에 적용하고 그 결과를 살펴보지 않은 한 간접 경험만으로는 재료에 대한 정확한 정보를 아는 데엔 한계가 있기 마련입니다. 그런 아쉬움 때문에 가끔 산업전시회도 들러보지만 현장에서 직접 적용해 보지 못한 재료를 쓴다는 것은 매우 부담스러운 일이지요. 만약에 건축사가 자기도 잘 알지 못하는 신소재를 의뢰인의 집에 써보자고 제안한다면 그건 마치 건축사의 호기심만을 위해서 의뢰인의 집을 실험 대상으로 여기는 것으로 받아들여질 수도 있습니다.

건축주가 새로운 건축 재료를 적용하고 싶다고 제안할 때에는 대도시에서 설계하면서 크고 다양한 프로젝트를 경험할 수 있는 건축설계환경이 부러워지기도 합니다. 만약에 건축사가 건물을 짓는 재료와 공법을 잘 모르겠다고 하면 사람들이 어떻게 생각할까요? 건축사에 대한 신뢰가 뚝 떨어지겠지요. 그것은 마치 의사가 좋은 신약이 나온 줄 모르고 약효가 떨어지는 이전의 약으로 의술을 행하는 것처럼 보일 수도 있습니다. 하지만 건축사들이 건축기술과 관련한 많은 내용을 숙지하기 어려운 것도 사실입니다.

그런데 왜 새로운 공법이나 재료의 등장이 건축사에게 전달될 수 있는 구조가 안 되는 것일까요? 혹시 그런 것을 몰라도 설계하는 데 아무런 지장이 없어서 그런 걸까요? 아니면 재료와 공법 결정을 설계단계가 아닌 나중에 할 수 있는 유연한 구조이기 때문일까요? 이 두 가지 가능성은 실은 서로 연관된 이야기입니다. 새로운 재료와 공법을 몰라도 설계할 수 있다는 것이 재료와 공법은 설계하는 시점에 결정하지 않아도 되거나 구체적인 공법을 몰라도 되는 환경 때문이라고 할 수 있을 것입니다.

어떻게 그게 가능할까요? 적절치 않은 비유일 수도 있으나 이해를 돕기 위해서 의사와 약사의 관계를 생각해 보면 어떨까 싶네요. 어떤 병이든 치료하기 위해서 약을 처방하고 조제하는데, 무슨 약을 쓸지를 결정하는 권한이 의사에게 있어야 할까요? 아니면 약사에게 있어야 할까요? 환자가 결국 사용해야 할 약은 한 가지인데 그것을 결정할 수 있는 전문가는 두 명입니다. 어느 분야이든지 전문가라고 한다면 역할이 나누어져야만 하겠지요. 만약에 두 전문가의 역할이 나누어지지 않는다면 분명히 권리와 책임에 대해서 분쟁이 있을 수 있습니다. 그것과는 별개의 문제처럼 보이지만, 제약회사의 입장에서도 누가 약의 사용을 결정하느냐에 따라서 홍보해야 할 대상이 달라집니다. 지금 제약회사는 자기회사의 약품을 판매하기 위해서 약사를 만나러 갈까요? 아니면 의사를 만나러 갈까요?

엘리베이터를 판매하는 회사가 있습니다. 엘리베이터를 많이 팔기 위해서는 건축사사무소를 찾아갈까요? 아니면 건설회사를 찾아갈까요? 어떤 엘리베이터를 쓸 것인지를 최종적으로 결정할 권한이 건축사사무소에 있을까요? 아니면 건설회사에 있을까요? 아니면 건축주에게 있을까요?

통상적으로 우리는 물건을 구입할 때 비용을 지불하는 사람에게 결정권이 있다고 알고 있습니다. 하지만 그런 상식으로 접근하기 어려운 경우가 종종 있습니다. 예를 들어 환자가 의사를 만난 후 약을 구매하고자 할 때 어떤 약을 사는 게 좋을까의 판단을 비용을 지불하는 환자가 하는 경우는 거의 없습니다. 그보다는 덜하지만 자동차가 고장 나서 부품을 교환해야 할 때 어떤 부품을 교환할지를 차주가 결정하는 경우도 많지 않습니다. 이는 구입해야 하는 품목이 단순한 취향이 아닌 지식과 기술을 요하는 품목이기 때문입니다. 전문가의 도움이 있어야 하는 경우이지요.

건축물의 재료를 무엇으로 할 것인가의 경우에도 지식과 기술이 요구됩니다. 그리고 부가하자면 미적인 감각도 필요합니다. 엘리베이터를 고를 때 이 세 가지 요소가 다 작용하게 됩니다. 그렇게 말하면 아마도 대개 지식은 건축사가 기술은 건설회사가 미적인 감각은 건축주가 담당하면 되는 것이라고 생각할 것입니다. 하지만 현실에서는 그것이 분명하게 나뉘지 않는 종합적인 판단이 요구됩니다. 건설회사라고 해서 '당신은 기술적인 것만 보시면 됩니다'라고 할 수도 없거니와 건축사라고 해서 디자인만 보면 된다고 하기도 어렵다는 것입니다.

위의 환자를 위한 약을 결정하는 권한과 비교하면 다들 자기가 결정권을 가지려고 노력할 것 같지요? 하지만 건축에서는 다릅니다. 반대로 다들 자기가 결정권을 가지지 않으려 노력을 합니다. 왜냐구요? 그에 따른 책임이 무겁기 때문입니다. 엘리베이터라는 몇천만 원이 들어가는 장비의 구입을 결정함에 있어서 그 기계의 성능의 책임과 관리는 엘리베이터 회사가 일차적으로 지지만 잘못된 제품을 추천함으로써 지게 되는 부담 역시 적지 않은 것입니다. 때문에 설계사무소의 도면에는 특정제품을 지정해서 사용하도록 하지 않습니다. 만약에 특정제품을 지정했다면 '그와 동등 이상의 제품'이라고 명기합니다. 그 이유는 적용제품의 최종결정을 건축사사무소에서 하지 않으려는 것입니다.

그러면 대개 건설사의 입장은 어떠할까요? 불행히도 국내 대개의 중소규모 건설사들은 건축사사무소의 도면을 공사용 도면으로 전환시켜서 현장에서 적용하려는 노력과 시도를 하는 경우가 매우 드뭅니다. '아니, 건축사사무소에서 도면을 그리면 집을 짓기 위한 도면작업은 다 끝난 것이 아닌가요?'라고 묻는 것이 지금 우리 건설현장의 현실입니다.

사실은 건축사사무소에서 그린 도면을 건설사에서는 다시 체크해서 시공 가능한 도면으로 변환시켜야 합니다. 그게 '시공도면(shop drawing)'이라는 것이며 엔지니어가 그려야 하는 도면입니다. 시공사에서 공사를 정확하게 진행하기 위해서 모든 재료와 공법 등을 정확하게 적용할 수 있는 기술자의 도면을 그려야 하는 것입니다. 사실 이 단계에서 제품도 정확히 지정되고 공법도 확인되어야 하는 것이지요.

이러한 현실은 설계는 건축사가 하는 것이고 건설사는 건축사의 도면대로 집을 지으면 되는 것이라는 식으로 분야를 나누어 생각하려는 태도에서 기인합니다. 최근에는 대학에서 건축과를 건축공학과 건축디자인으로 구분하는 곳이 많아졌습니다. 얼핏 더욱 전문적인 지식을 강화하는 것처럼 보이지만 종합예술인 건축에서 그렇게 분야를 나누는 것이 적절했는지는 여전히 의심스럽습니다.

그러면 디자이너와 엔지니어의 역할 구분을 명확하게 나누는 것이 옳다는 것인지 나누지 않는 것이 옳다는 것인지 헷갈리기 시작합니다. 명확히 구분하고 보니 서로의 연관성이 깊은 분야이고, 구분하지 않고 이해하기에는 전문영역이 다릅니다. 저는 건축을 공부하려는 학생들에게 설계를 하고 싶다면 건설현장 경험을 먼저 쌓고, 반대로 시공을 하고 싶다면 설계사무소 경험을 먼저 쌓으라고 조언합니다. 이 두 분야는 서로의 기초적인 지식과 정보가 있어야 자기전문분야를 잘 구축할 수 있는 직업군이라고 할 수 있습니다.

기본적으로 건축계획 및 설계라는 분야는 공학이 아님에도 불구하고 공과대학에 속한 경우가 많습니다. 앞서 말했듯 최근에는 대학 교육과정에서 구조와 시공 위주의 교육을 하는 건축공학과와 건축설계

위주의 교육을 하는 건축디자인과를 구분합니다. 이러한 변화는 건축설계와 공학의 차이에 대한 인식을 이제라도 반영하는 현상이라고 할 수 있습니다. 하지만 한편으로 염려되는 것은 서로의 분야를 몰라도 되는 지식으로 배타적으로 이해할 때 발생할 수 있는 혼란입니다.

건축사사무소에서 공학적인 지식을 습득하기 어려운 것은 매우 당연한 일입니다. 그럼에도 불구하고 공학적인 지식이 없으면 디자인을 잘할 수도 없고, 건축주와 효과적인 대화를 할 수도 없습니다. 하지만 앞서 언급한 것처럼 건축사가 설계를 잘하기 위해서 공학적인 기술을 다 이해해야 하는 것 또한 아닙니다. 공학적인 기술을 다 이해하고 디자인해야 한다는 생각은 자동차 디자이너가 엔진의 작동원리와 자동차 부속의 구성 등을 모두 이해해야 한다는 것과 같은 말입니다. 물론 디자이너와 엔지니어는 상호 보완적으로 업무를 진행해야 하겠지요. 하지만 그 두 가지를 완전히 정복하는 것은 불가능합니다.

최근에 단독주택설계를 하는 과정에서 의뢰인은 자신이 가진 비용이 얼마이므로 그에 맞추어서 설계를 해달라고 요청하였습니다. 의뢰인의 입장에서 비용 문제는 매우 현실적이면서 중요한 조건이 아닐 수 없습니다. 하지만 건축물 디자인이 업이라도 그 건축물의 공사비를 정확히 산출한다는 것은 단순히 그 결과가 금세 나오는 일이 아닙니다. 건축사들도 경험을 토대로 대략 이 정도면 어느 선에서 공사계약이 이루어지더라 하는 생각을 가지고 디자인을 먼저 진행하게 됩니다. 그러다가 실제 설계가 끝난 후에 시공자들을 선정해서 공사비를 산출하게 해서 보면 예산과 크게 달라서 당황하는 경우도 없지 않습니다. 설계하는 기간에도 재료비와 인건비의 상황이 달라지게 마련이고요.

엔지니어에 대한 이야기를 하다 보니 전에 직원으로 근무하던 사무소에서의 경험이 생각나는군요. 그때 제가 근무하던 사무실에서 두 개의 쌍둥이 빌딩으로 된 오피스를 설계하고 있었습니다. 그때 두 개의 쌍둥이 타워를 연결하는 통로가 필요하였는데, 누군가가 이 공중통로를 엘리베이터처럼 위아래로 움직이게 하면 어떻겠냐는 제안을 하였습니다. 그러자 디자인 협력업체의 엔지니어팀은 좋은 생각이라면서 그것을 정말 도면으로 그려왔다고 하더군요. 교량과 같은 엘리베이터는 아직 만들어진 게 없으니까 그 아이디어를 어떻게 기술적으로 해결해야 하는지는 아무도 모르는 상태인데 말이지요. 사실 그 팀은 국내팀이 아니라 외국팀이었어요. 그때 그들이 그려온 도면을 보면서 팀원들이 다들 놀랐다는 이야기를 들었지요. 어떻게 건축사사무소에서 세상에 아직 없는 제품을 도면으로 그릴 수 있는지 그 기술력에 놀란 것이죠.

그런데 오히려 그 이후에 제가 계속 고민하였던 것 중 하나는 기술적으로 모르고 시공에 따른 비용을 모른다고 디자인을 할 수 없는 것인가 하는 점이었어요. 디자인하는 사람은 아이디어만 있으면 안 되는 것인가 하는 것이죠. 실제로 건축사는 집을 짓기 위한 기술적인 모든 것을 이해하면서 도면을 그리지 않습니다. 최근 들어서는 너무나 빠른 변화들 때문에 최신의 공법과 재료들을 다 이해하면서 도면으로 표현하지 못하는 경우가 점차 많아졌습니다. 만약에 새로 나온 제품이나 공법이 있다면 그것을 건축사가 그려야 하는 것이 아니라 당연히 그 제품을 판매하고 싶은 쪽에서 기술지원을 해야 하는 것 아닐까요. 건축사는 최소한의 설치 가능 여부를 확인하면 되는 것이죠. 그러기 위해서 건축사는 기술자와 긴밀한 업무협조관계를 유지해야 할 것입니다.

도면은 집을 짓기 위한 계획이고, 계획은 실행에 옮기는 과정에서도 오류나 잘못된 판단이 발견된다면 얼마든지 수정할 수 있어야 합니다. 반드시 도면대로 지어져야 한다는 주장은 집을 짓는 과정에 필요한 변수를 고려하지 않은 원칙에 불과하며 현실적으로는 도면에 지정되어 있는 재료를 변경하기 위해 도면과 달리 시공하겠다는 주장은 언제든지 현장에서 발생할 수 있는 요구입니다. 그리고 그러한 재료변경의 요구가 합리적인 주장일 때 그것을 쉽게 수용하고 적용할 수 있는 시스템이 마련되어 있어야 합니다.

다만 기술적인 해법이 아닌 디자인과 관련된 문제에 있어서는 누가 제안을 하더라도 판단 권한은 건축사에게 주어져야 합니다. 엉뚱하게도 공사의 편이만을 위해서 디자인을 변경해 달라고 건설사에서 요청한다면 그것은 좋은 기술자의 태도가 아니지요. 제가 감리를 하는 현장에서 외장재가 징크로 되어있는 것을 화강석으로 바꾸어달라는 시공자의 요청이 있었습니다. 시공자의 주장은 해안가에 짓는 건물은 바람을 많이 받으므로 징크가 바람에 뜯겨버릴 수 있다는 것이었습니다. 건축물을 디자인한 설계자는 시공사의 그 요청을 이해할 수 없었습니다. 제주도 해안에는 징크로 마감한 건물이 많은데 그것들이 아직 무사한 것은 잘 시공하면 문제가 없을 것란 뜻인데, 그런 요청을 하는 이유가 단지 시공하기 불편하기 때문이 아닌가 의심하였던 것입니다. 이렇게 건축물을 바라보는 디자이너와 엔지니어의 관점에는 상당한 차이가 있을 수 있습니다. 이러한 문제가 발생할 때마다 디자이너는 엔지니어의 기술적인 요청이 합리적인지를 고민해야 합니다. 역으로 엔지니어는 디자이너의 계획의도를 손상하지 않으면서 선택할 수 있는 더욱 향상된 기술적인 방법이 무엇인지를 고민해야 할 것입니다.

건축사가 상상의 공간을 도면과 수치로 표현하는 일을 한다면, 기술자는 도면과 수치로 표현된 공간을 구체적인 사물로 만드는 일을 하는 것입니다. 건축사가 도면으로 그리기 귀찮다고 의뢰인에게 상상과 꿈을 포기하라고 할 수 없는 것처럼, 기술자는 시공하기 불편하다고 디자이너의 도면을 포기하거나 바꾸라고 쉽게 말할 수 없습니다.

한때는 넓은 창을 개방적으로 사용할 수 있다는 매력 때문에 소위 폴딩 도어라는 것이 유행하기도 하였습니다. 설계하는 입장에서 도면에 폴딩 도어로 디자인하는 것은 어려운 일은 아닙니다. 그것을 설치했다고 설계를 잘했다고 칭찬받을 일도 아니고요. 문제는 제주도의 경우에는 바람이 심한 편이어서 시공을 꼼꼼히 잘한다고 해도 빗물이 실내로 들어오는 경우가 많다는 것입니다. 폴딩 도어는 전문업체의 제품을 적용해야 한다고 누차 강조해도 비용이 많이 든다고 비전문업체에게 제작과 시공을 맡겼다가 낭패 보는 일이 비일비재합니다. 이러한 상황에서 디자이너와 엔지니어가 상호 의견을 교환하고, 최선과 차선을 선택할 수 있는 판단을 하는 것은 후회 없는 결과를 위해서 매우 중요합니다.

디자이너와 엔지니어의 논쟁은 공사현장에서 종종 있을 수 있습니다. 왜 도면대로 시공하지 않고 현장에서 바꾸는 일이 일어날까요? 어떤 경우에는 기술적으로 실현하기 불가능한 잘못된 도면작업이 원인이 되기도 합니다. 그 외에도 여러 가지 이유가 있겠지만 근본적인 원인은 도면은 계획이고 현장은 현실이기 때문입니다. 비용의 문제와 더불어 기술적인 문제, 공기와 관련된 문제, 자재수급의 문제 혹은 대지여건의 문제 등이 종합적으로 다루어지면서 구체화되는 것은 현장입니다. 계획을 세울 때 가장 현실에 가깝게 구상할 수 있다면 좋겠지만 쉽지 않습니다.

설계에는 디자인설계와 기술설계가 있습니다. 건축사는 사실 디자인설계를 하도록 교육받은 사람이지 기술설계를 하도록 훈련받은 사람은 아닙니다. 그래서 종종 건축사가 그런 기술적인 것도 모르냐는 소리를 듣기도 하지만 기술적인 것을 건축사가 이해해야만 설계를 할 수 있는 것은 아닙니다. 오히려 저는 설계의 기술적인 부분을 현장에서 충분히 지원할 수 있는 여건이 되었으면 좋겠습니다.

저는 한동안 목조주택을 설계하지 않았습니다. 디자인을 하지 못해서가 아니라 그것을 관리 감독할 수 있는 기술적인 지식이 제게 없었기 때문이었습니다. 목조주택에 대한 기술적인 지식이 없다고 해서 설계를 못 한다 말해야 하는 현실이 사실 저는 매우 불만스러웠습니다. 앞서 언급한 대로 디자이너가 기술적인 지식까지 전부 이해해야 한다고 생각하지 않기 때문입니다. 하지만 우리 현실에서는 현장에서 확인하기 어려운 기술을 적용해서 설계하는 것이 저에게도 그렇지만 부담스럽고 무책임한 일이 될 수 있습니다. 시공기술자 중에는 도면대로만 시공하면 자기에겐 책임이 없다고 변명하는 기술자도 있기 때문입니다. 사실 현장에서의 기술적인 문제는 시공자가 책임질 수 있어야 할 것입니다. 현실과는 좀 다른 이야기이지요.

처음 목조주택 설계할 때 당황했던 경험을 말씀드리겠습니다. 목조주택의 경우에 창호는 목조주택 전용 창호를 사용할 것을 권장합니다. 사실 권장이라기보다는 필수인 것이 목조주택에서는 목조주택용 창호를 사용해야 방수 문제를 기본적으로 해결할 수 있습니다. 철근콘크리트 구조에 설치되는 창호와 목조주택 전용 창호는 프레임 디자인이 같지 않습니다. 문제는 그 디자인의 차이뿐 아니라 목조주택의 창호는 국내에서 제작하지 않고 대개 외국에서 수급되어야 하는 문제 때문에 이를 일일이 수치화하여 도면을 그리는 것이 상당한 업무량이 된다는 점입니다.

일반적으로는 창문을 그릴 때는 치수의 폭을 1,400mm 혹은 1,500mm와 같이 기입합니다. 물론 창호를 설치하기 전에 그 창을 설치하기 위해서는 사전에 목조작업을 위해서 개구부 치수를 정확히 해야 합니다. 게다 콘크리트 건물의 경우에는 창호틀 주변을 모르터로 채우지만, 목조건축의 경우는 창호틀과 개구부의 간격은 실리콘과 단열패드 외에는 채울 것이 없습니다. 그래서 창호 치수를 정확히 기입해야 하는 것입니다. 하지만 폭이 914mm인 기성제 창호를 설치하기 위해서 평면 정리를 하다 보면 모든 치수를 mm 단위로 정리해야 하는 상황이 됩니다. 한번 도면을 수정할 때마다 난리가 나겠지요.

처음에 914mm의 창은 900mm라고 적자고 했습니다. 하지만 목조주택 창호의 현실적인 상황을 고려해 보니 적당히 비슷한 치수를 기입하면 문제가 있겠다는 생각이 들었습니다. 그래도 현장에서 시공가능한 도면을 만들어주기 위해서 복잡한 치수 기입을 마다하지 않고 합니다. 그렇게 생성된 도면이 창호구입회사가 바뀌거나 실제 선택된 창호가 바뀜으로 모두 의미 없는 숫자가 되고 맙니다. 그런 식이라면 왜 그렇게 열심히 작은 치수를 다 적어야 할까 하는 회의가 들기도 합니다. 하지만 그러면서도 열심히 mm 단위로 치수를 다 적어둡니다. 그것은 시공자가 엔지니어 도면을 그리지 않을 거라는 생각 때문입니다. 시공이 가능한 엔지니어 도면을 그리는 것은 사실 필수입니다. 그것을 그리지 않고 시공하는 것은 도면 없이 머릿속에 있는 상상으로 집을 짓던 과거의 행태와 크게 다르지 않습니다.

디자인설계와 기술설계가 명확히 구분되어있지 않은 우리나라에서는 건축사도 기술적인 부분을 어느 정도는 책임지고 확인할 수 있어야 하겠지요. 하지만 건축사가 설계경험이 많다고 해도 기술적인 지식을 습득하는 데에는 한계가 있습니다. 기술적인 문제는 역시 시공자가 전담하고 건축사는 디자인에 전념할 수 있는 사회적 시스템이 아직 구축되지 않은 것이 아쉽습니다.

건축에서 디자인과 더불어 기술적인 판단과 적절한 비용의 투자균형을 맞추는 일은 매우 중요합니다. 제각기 전문분야와 역할이 다르기 때문에 각자 자기 할 일만 잘하면 된다는 것은 건축에서는 옳지 않은 자세입니다. 의뢰인은 항상 디자이너와 엔지니어의 의견을 같이 들어야 하며, 그 의견을 듣고 결정한 후의 책임은 결정한 이에게 주어진다는 것을 명심해야 합니다. 집을 지을 때의 결과에 따른 건축주의 막중한 책임은 필연적인 것입니다.

그러면 엔지니어가 아닌 디자이너로서의 건축사가 정작 잘해야 하는 것은 무엇일까요? 예를 들어보지요. 식탁과 텔레비전, 침대를 선택하는 것도 집의 분위기를 만드는 데 중요한 요소입니다. 그러면 어떤 식탁을 설치할 것인지 고민하는 것이 건축사의 일일까요? 식탁을 선택하는 것의 공간디자인적 측면을 고려한다면 건축사의 업무일 듯 보이기도 하지만 그것들은 공사하면서도 얼마든지 선택하거나 바꿀 수 있는 요소이며 굳이 건축계획을 하면서 어떤 제품을 써야 할지까지 고민할 이유는 없을 것입니다.

하지만 어떤 크기의 식탁을 구입할 것인지를 정하는 것은 계획과정에서 중요한 의미가 있습니다. 식탁의 크기는 그것이 위치한 공간의 크기와 관계가 있으며 주방기구의 배치와도 관계가 있을 뿐 아니라 천장에 매달릴 조명기구의 위치와도 관련이 있기 때문입니다. 현장에서 식탁을 놓은 뒤에 그것에 맞추어서 공간을 만들고 등기구와 콘센트를 달 수 없듯이 집을 구상하고 만드는 과정에서는 미래에 갖다놓을 식탁을 상상하면서 공간구성을 하는 일이 필요합니다. 때문에 도면에 그려진 단순한 네모 모양의 식탁은 건축사가 고민해야 하는 중요한 요소 중 하나인 것입니다.

계획과정에서 건축사와 의논해서 미리 고민해서 결정해야 할 것에는 식탁과 텔레비전과 같은 기구를 어느 위치에 놓아야 할지까지 포함되어 있는 것입니다. 텔레비전이야 가볍고 이동이 가능한 것이니까 나중에 정해도 되지 않을까 생각했다가 놓으려는 자리에 콘센트도 없고 통신선도 없다면 낭패가 아닐 수 없지요. 침대 역시 마찬가지입니다. 침대의 위치가 안방 화장실과 드레스룸의 위치에 영향을 줍니다. 침대의 위치 정도야 현장에서 얼마든지 바꿀 수 있다고 생각할 수 있지만, 막상 침대 위치를 바꾸려고 하면 다른 공간의 배치에 영향을 주게 되어 변경이 쉽지 않습니다. 때로는 화장실 입구의 스위치 하나 때문에 붙박이장을 설치하지 못하는 상황도 벌어질 수 있습니다.

그럼 도면에 그려진 텔레비전과 식탁은 시공범위에 포함될까요? 대개 도면에 그려진 식탁과 텔레비전은 가상의 계획이지 시공범위에 포함되지 않습니다. 도면에 그려졌다고 모두 시공해 달라고 할 수 없는 것 중 하나이지요. 그래서 가급적 이러한 기구들은 실선이 아닌 점선으로 그리도록 합니다. 점선으로 그려진 내용은 시공범위에 포함되지는 않으나 그에 맞게 고려해서 공간을 만들라는 의미입니다.

보통 '계획한다'고도 하고 '프로그램한다'고도 하는데 건축사는 무형의 생활패턴들을 형상화하는 일들을 하게 됩니다. 정리하자면 건축사와 우선적으로 논의하고 해결해야 할 문제는 미적이며 시각적인 것보다는 주로 공간과 형태의 계획적인 측면들입니다.

05 현장대리인과 목수

개인 시공업자인 목수를 이해하기 위해서 건설현장에서 시공자라고 불리는 현장대리인과 같이 설명하는 것이 좋을 것 같습니다. 현장대리인과 목수의 차이를 이해하는 것은 도급공사와 직영공사의 차이를 이해하는 것과 거의 같습니다. 일반적으로 건설회사를 선정해서 일정 금액으로 계약하고 공사를 위탁하는 것을 도급계약이라고 합니다. 도급공사에서 공사현장의 책임을 지는 사람을 현장대리인이라고 하며, 직영공사에서 공사현장을 운용하는 사람을 목수라고 불러왔습니다. 대게 도급공사를 직접 계약할 일이 많지는 않지만, 공사하기 위해서는 공사비견적서를 제출받아서 적정한 공사비를 제시하는 업체와 계약하고, 공사에 대한 책임을 그 회사가 지도록 해야 함을 잘 알고 있습니다.

건설현장에서 시공자라고 하면 종합건설면허를 내고 건설회사로 사업자등록을 한 업체의 대표 혹은 현장대리인을 말합니다. 현장대리인이라는 것은 건설회사 대표를 대신하여 현장을 관리하는 사람이라는 의미입니다. 현장대리인이라는 것은 글자 그대로 대신하여 현장관리를 한다는 의미입니다. 누구를 대리하는 것일까요? 그것은 시공사와 건축주를 대신한다는 의미입니다. 때문에 현장에서 발생하는 모든 사고와 민원 등의 문제를 시공사와 건축주를 대신하여 책임지고 관리하고 있습니다. 하지만 대신한다는 의미 속에는 직접적인 책임이 있는 사람은 아니라는 의미도 있습니다. 공사현장에서 어떤 문제가 발생하였을 경우, 현장대리인의 관리책임도 있지만 모든 문제의 책임은 건축주와 시공사에게 먼저 묻게 됩니다.

건설회사와 시공 계약을 했을 때도 그러한데 직영공사의 경우에는 건축주에게 더 현장관리의 의무와 책임을 직접 묻는다는 것을 명확하게 인지해야 합니다. 직영공사의 경우에는 보통 건설회사로 사업자등록을 하지 않고 소규모 공사를 하는 개인 시공자에게 공사를 맡기는 경우가 많습니다. 이들은 어떻게 사업자등록을 하지 않고 공사를 할 수 있을까요? 그것을 이해하기 위해서는 현행 소규모공사현장과 관련한 건축법 규정을 이해해야 합니다. 소규모의 현장에서 흔히 접하는 시공기술자임에도 불구하고 그와 관련한 정보는 거의 없습니다. 상담하다 보면 이 개인 시공업자에 대한 불신과 불안 역시 같이 접하게 됩니다.

도급공사를 수행하는 건설회사의 경우에는 기술자를 일정 수 이상 유지해야 하고, 수익에 대한 세금을 납부해야 하고, 안전관리를 위한 교육과 시설을 갖추어야 하는 의무조항들 때문에 오로지 공사에 필요한 비용 이외의 경비들이 필요합니다. 그와는 달리 자기 집을 스스로 지을 수 있는 능력이 있는 경우, 건설회사에 공사를 맡기지 않고 직접 인부들을 고용하여 공사한다면 직영공사라고 합니다. 현행 착공 신고의 경우에는 공사방법을 도급공사와 직영공사 두 가지로만 분류하고 있습니다. 이미 짐작하시겠지만 대개 도급공사를 하지 않고, 직영공사로 착공신고를 하는 이유는 순공사비 이외의 부가되는 비용 등을 아껴서 집을 지어보자는 의도가 대부분입니다.

문제는 직영으로 공사한다고 착공신고는 했는데 막상 직접 공사하려니 건축공사에 대한 기술과 지식이 없는 건축주가 많다는 것입니다. 이런 경우에 건축주를 대신하여 공사해 줄 개인 시공자를 찾는 것입니다. 개인 시공자들은 건축공사의 경험은 있으나 사업자등록을 하지 않은 사람인 것이지요. 이런 경우에 실제 공사는 개인 시공자가 시행은 하는데 공사시공자로 신고된 것은 건축주 자신이 됩니다.

많은 사람이 공사비를 줄이는 방편으로 건설회사에 주택공사를 의뢰하지 않고 직접 자기가 짓는다고 신고합니다. 그리고 실제 공사는 소규모 현장을 맡아서 시공하는 목수(木手)에게 맡기는 것이지요. 경험 있는 분이라면 금방 이해하시겠지만, 이 공사현장의 법적인 책임이 있는 시공자는 공사를 맡은 목수가 아니라 건축주인 것입니다. 간혹 현장에서 문제가 발생하였을 때 건축주가 어려움을 겪는 것이 바로 이러한 구조적인 문제 때문입니다.

목수는 나무를 자르고 다듬어서 집의 뼈대를 만드는 기술을 가진 사람을 말합니다. 그리고 특별히 집을 짓는 목수를 대목(大木)이라 하고, 가구를 만드는 목수를 소목(小木)이라고 합니다. 대목과 소목을 구분하는 것은 다루는 나무와 그 나무의 성질이 다르고 또한 기술도 다르기 때문이겠지요. 그렇게 사용하던 목수라는 호칭을 요새는 건설회사를 가지지 않고 개인적으로 집을 짓는 사람을 부를 때도 사용합니다.

여기에서는 주로 소규모 개인 주택을 지으려는 이를 위한 이야기를 주로 하고 있기 때문에 목수라는 사람을 언급하지 않을 수 없습니다. 먼저 재미있는 질문을 해보겠습니다. 집을 짓기 위해서는 목수 외에 미장공도 있고, 조적공도 있고, 철물을 다루는 기술자도 있는데, 왜 하필 집을 지을 때 그것을 맡아서 지어주는 사람을 목수라고 하였을까요? 정작 그 목수라는 사람은 목(木) 작업을 하지 않는 경우도 허다합니다. 집을 지어주겠다고 맡은 사람이 페인트가 전문이든 창호가 전문이든 관계없이 집을 짓는 과정 전체를 맡아서 책임지고 지어주겠다고 할 때 그 사람을 일반적으로 목수라고 부릅니다. 재미있지 않나요? 목수가 뭐기에.

과거 전통사회에서 집은 대개 목구조였습니다. 아니 대개라고 말할 필요도 없을 것 같습니다. 살림집은 전부 목구조였지요. 나무를 다루는 기술자인 목수가 집의 뼈대를 완성하면 그것을 기념으로 상량식을 거창하게 하고, 그다음 흙질을 해서 살을 붙이고 기와를 얹고 도배하면서 마무리를 합니다. 그런데 일반적인 살림집 짓는 과정을 물어보면 흙질을 하거나 돌을 쌓거나 하는 것은 기술자들이 하는 일이 아니라 이웃에서 노력봉사를 하면서 도와서 지었다고 합니다. 그런 것을 수눌음이라고 하는데, 우리의 전통적인 삶의 방식이라고 합니다. 그러니까 집을 지을 때 가장 중요한 기술자가 목수였던 것이지요. 기와집이 아닌 일반 민초들이 살던 초가집의 경우에는 더욱 그러했습니다. 그러니 집을 지을 때 모든 기술적인 문제를 총감독하고 지휘했던 사람이 목수였던 것입니다.

최근의 목조주택 현장에서는 집을 맡아서 짓는 사람을 '빌더(builder)'라고 부릅니다. 목수라고 하지 않고 빌더라고 부르는 것은 전통사회에서의 목수와 마찬가지로 그 집의 전 공정을 책임지고 진행하기 때문입니다. 이렇듯 우리에게 목수는 단지 나무를 자르고 깎는 기술자가 아니라 집을 짓기 위한 모든 문제를 처리할 능력이 있는 '빌더'의 의미를 가지고 있습니다. 최근에 집 짓는 경험담을 책으로 낸 사례를 보니까 시공을 책임진 사람을 김 사장님, 박 사장님 이렇게 부르기도 하더군요. 이러한 호칭의 변화는 집을 짓는 사람에 대한 인식의 변화를 보여주는 것이기도 합니다.

과거의 목수는 기술을 바탕으로 집을 짓는 기술자였지만 지금의 개인건설업자는 그런 기술을 가지고 집을 짓는다기보다는 공사현장을 관리하는 것이 주된 업무입니다. 저는 이러한 일을 하시는 분들이 건설업 면허를 가지고 있지 않다고 해서 폄하할 생각은 없습니다. 다만 법적으로 그들에게 공사에 대한 책임을 묻기 어렵다는 제도적인 어려움 때문에 소규모 현장에서 양식 있는 시공자를 선정하는 것이 쉽지 않다는 점을 알아야 한다는 것입니다.

제가 설계한 한 현장에서 건축주와 시공자가 공사계약을 하려고 하는데 시공자가 사업자등록이 되어있지 않기 때문에 건축주가 시공자에게 보증인을 요구한 적이 있었습니다. 사실 아무리 작은 현장이어도 개인에게는 공사비가 적지 않은 금액이기 때문에 건축주의 입장에서는 당연한 요구라고 할 수 있습니다. 그런데 시공자는 지금 사는 집도 남의 집에 임대하여 살고 있고, 사무실이나 직원도 없었기 때문에 결국 그 시공자를 신뢰할 수 없어서 공사계약이 무산된 적이 있었습니다. 수억이 들어가는 공사를 의뢰해야 하는 건축주의 입장에서는 어쩌면 아주 당연한 결정일 것입니다. 하지만 소규모의 직영공사를 해줄 개인업자를 선정할 때 이렇듯 신원조회를 하고 보증을 요구하면 그에 응하는 개인업자를 만나기가 쉽지 않을 것입니다.

직영공사 현장에서 시공자신고는 건축주가 하고 실제 공사는 개인시공업자가 하는 상황에서는 공사가 지연되거나 중단된다든가 하자보수에 대한 책임이행이 안 된다든가 하는 등의 문제가 발생하였을 경우에 건축주가 대응하기가 쉽지 않다는 문제가 있습니다. 물론 하자보수의 책임을 지우기 위해서는 하자보증보험 증권을 끊기 위한 추가비용부담이 있을 수는 있지만, 이는 불가피한 비용으로 이해하고 부담을 지우더라도 더 큰 문제가 발생하지 않게 하기 위한 제도적인 장치들이 필요합니다.

개인적으로는 소규모 현장에서 이루어지는 이러한 제도적인 모순들이 빨리 개선되어야 한다고 생각합니다. 소규모 현장만을 위주로 하는 건설업자가 적은 자본으로 신고할 수 있게 한다든지, 아니면 모든 건설현장은 건설업 면허를 가진 자가 하되 소규모 현장은 면세하여 부담을 줄여준다든지 해서 작은 현장도 제도적인 테두리에서 일이 진행되게 해야 할 필요가 있습니다. 지금처럼 통신망이 발달한 사회에서 실질적인 시공자가 공사현장을 신고하도록 하기만 해도 같은 범법행위를 다시 할 수 없도록 규제하는 것이 가능할 텐데 소규모 현장은 건축주의 이름으로 공사신고를 하고 있으니 개인 시공업자들의 행위를 규제하거나 위험요인으로부터 건축주를 구제할 방법이 없는 것입니다.

이러한 이유로 지금 현실에서는 소규모 현장을 맡을 사람을 선정하는 기준을 아직은 신뢰(信賴)라고 말할 수밖에 없습니다. 하지만 현대사회에서 처음 만나는 개인업자에게 신뢰를 가지고 계약하라는 것은 무리한 요구임에 틀림이 없습니다. 물론 기본적으로는 개인 시공업자에게도 견적서를 제출받고 예상 공사비를 검토해야 할 것입니다. 대부분의 사람들이 견적서가 성실하면 공사도 성실히 할 것이라고 믿는 것을 많이 보았습니다. 물론 그것이 아주 근거 없는 믿음은 아니지만 견적서만으로 개인 시공자의 실력이나 성실함을 판단하기는 어렵습니다. 대개의 개인업자들은 서류작업 등에 민감하게 살아오지 않았던 분들이 많습니다. 때문에 견적서를 잘 작성하지 못했다고 해서 불성실하다고 할 수도 없고, 그 반대로 견적서를 잘 작성했다고 해서 성실한 시공을 담보하기도 어렵습니다. 아마 점차적으로는 개인 시공자들도 이런 서류작업을 하는 일이 업무의 주요 부분이 되어야 할 것입니다.

지금은 작은 주택이라고 하여도 전통사회에서처럼 목수 혼자서 집을 짓지는 못합니다. 철근, 설비, 전기 등 많은 분야의 기술자들이 모여서 제각기 분야에서 협조해 주어야 하지요. 일전에 어느 현장에서는 전기공이 전기 콘센트함을 벽에 고정해두었는데, 타일공이 막아버려서 막힌 콘센트를 찾아내느라 전기공이 고생하는 것을 보기도 했습니다.

이렇게 현장에서 서로 업무협조가 안 되고 자기 일만 하면 된다고 하면 아주 곤란한 일이 많이 발생합니다. 현대사회에서 목수는 그야말로 망치질하는 것이 주 업무가 아니고 이런 각 분야의 기술자가 서로 혼선 없이 일할 수 있도록 관리해야 하는 것이 주 업무라고 할 수 있습니다. 아주 중요한 일을 하는 사람이며 각 분야의 업무특성을 이해하고 공정을 이해하지 못하면 할 수 없는 일이지요.

그런데 현실적으로 과연 그러할까요? 어떤 현장에서는 그게 잘 이루어졌지만, 어떤 현장에서는 단순한 도면도 숙지하지 못해서 당황하는 경우도 보았습니다. 그보다 더 나쁜 경우는 계약금을 받고 연락을 끊어버리거나 이미 계약한 공사비를 잘못 판단한 금액이라면서 금액을 올려주지 않으면 공사를 못 하겠다고 으름장을 놓는 경우입니다. 집을 짓는 과정에서 이러한 일이 발생하면 처음 집을 지어보는 건축주는 매우 당황하게 됩니다.

이런 경우에 현장에서의 분쟁이 매우 곤란한 것이 서류상 건축주의 직접공사의 형식이므로 시공자에게 법적 책임을 묻기가 매우 어렵다는 것입니다. 반대로 시공자가 공사를 중단하였다고 하여도 건축주가 다른 시공자를 선택해서 공사를 진행하는 것이 쉽지 않습니다. 다른 업자가 중단된 현장의 일을 맡으려 하지도 않을 뿐 아니라 원 시공자가 계약위반을 이유로 항의하거나 현장을 폐쇄하는 등의 도발행위를 할 수도 있기 때문입니다. 직영공사현장에서의 분쟁에 건축주가 적절히 대응하는 일은 결코 쉽지 않습니다. 분쟁 없이 공사가 마무리될 수 있다면 더없이 좋은 일이겠지만 일단 분쟁이 발생하면 집을 지어야 하는 건축주는 공사를 지속하여 예정된 기일에 마무리를 하지 못한다는 것만으로도 적지 않은 부담을 안게 됩니다. 때문에 성실한 목수를 만난다는 것은 직영공사에서는 매우 중요한 전제조건인 셈입니다.

설계를 하다 보면 종종 의뢰인으로부터 개인 시공업자를 소개해 달라는 요청을 받기도 합니다. 하지만 사람을 소개해 주는 일이 쉬운 일이 아닌지라 어지간해서는 목수이건 건설회사이건 소개를 해주지는 않습니다. 그러다가 현장에서 건축주와 시공자 간의 분쟁이 생기면 안타깝기도 하지만 예측할 수 없는 많은 상황들로 인해서 소개해준 당사자 역시도 매우 불편한 경우가 종종 발생하기도 하여서 선뜻 누군가를 소개해 주기는 참으로 어렵기 때문입니다.

이러한 상황에서 건축주에게 시공자를 선정하고 공사계약을 하기 위해 제시하였던 주의할 점들을 다음처럼 정리할 수 있습니다.

첫째, 공사비를 최저가로 제시한 업체를 선뜻 선택하는 경우를 조심해야 합니다. 특히 일반적으로 통용되는 상식에서도 많이 낮다고 하면 일단 선정대상에서 제외하는 것이 좋습니다.

둘째, 시공예정자의 성실함을 확인하기 위해서는 그가 시공한 집에서 사는 이전의 건축주를 만나서 상담할 필요가 있습니다. 공사과정에서의 대응방식과 준공 후에 관리가 정상적으로 이루어졌는지를 확인하는 것이 좋습니다.

셋째, 공사 기간에 대해서는 다소 여유를 잡더라도 최소한 마무리를 지을 수 있는 시점을 확약받아야 합니다. 직영공사에서 지체보상금을 요구하는 것은 무리가 있을 수 있으나 고의적으로 공사를 지연하는 경우를 막기 위해서는 공사기한을 정해두는 것이 좋습니다.

넷째, 견적서에 숫자로 되어있는 것만으로는 공사의도를 확인하기 어려운 부분이 많습니다. 계약서에는 별첨을 같이하여 공사내용과 범위를 요약하고 서로 확인하는 것이 좋습니다. 가능하다면 공사내용을 제대로 이해하고 있는지를 확인하기 위해서 시공자와의 계약이전에 건축사로 하여금 도면의 내용을 시공자와 사전에 확인하고 조율하도록 하는 것이 좋겠습니다.

다섯째, 공사비의 지급은 공사 진행 내용에 따라 적정히 배분하여 지급하는 것으로 하되 공사투입비용을 상회하는 과기성이 되지 않도록 지급 비율과 금액을 잘 조정해야 합니다. 특히 월 단위로 일정 금액을 무조건 지급하기로 계약하거나, 초기에 착수금을 과다하게 지급하는 등의 경우는 없어야 하며, 계약한 대로 지급하였음에도 불구하고 이유 없이 공사가 약정기일 이상 중단될 경우에는 계약을 해지할 수 있음을 확약받을 필요가 있습니다.

여섯째, 잔금지급은 서류상의 준공이 아니라 모든 공정이 완료된 시점으로 할 필요가 있습니다. 서류상으로 사용승인을 받았다고 하더라도 현장에서의 마무리가 다 되지 않는 경우도 있기 때문에 잔금지급의 기준에 대한 합의는 서류상의 준공 시점도 포함한 실제 현장공사의 완료승인 시점으로 하는 것이 좋습니다.

일곱째, 가능하다면 기성금의 지급은 감리자 혹은 현장감독에게 공사의 진행을 확인받은 후에 하는 것이 좋습니다. 기술적인 부분이나 주의해야 할 점에 대해서 건축주가 잘 모를 수 있으므로 시공자로 하여금 감리나 감독관에게 공사과정을 확인받도록 하는 것은 중요할 것입니다. 물론 그렇게 하기 위해서는 사전에 감리자의 동의를 얻고 진행해야 할 것입니다.

이렇게 주의하여도 결국 중요한 것은 사람입니다. 시공자의 성실함을 확인하지 않고 체크리스트를 열심히 바라보는 것만으로 공사의 질이 좋아지지는 않습니다. 오히려 체크리스트를 열심히 만들어서 감시를 잘해서 해결하려고 하는 것보다는 애초에 성실한 시공자를 선정하는 것이 바람직합니다. 이를 위해서는 첫 번째와 두 번째로 제시한 주의사항을 명심하는 것이 좋겠습니다.

06 관리자와 감리자

집을 지으려고 할 때 현장에 배치되어야 하는 인원으로 '감리자'가 있습니다. 대규모의 프로젝트에는 현장에 늘 상주하면서 감리하는 '상주감리'가 있고, 그렇지 않은 소규모 현장에서는 '비상주감리'를 합니다. 감리는 공사를 직접 운용하지는 않으면서 시공자가 규정에 위반되는 공사를 하는지 감시하고 위법사항이나 부적절한 행위를 하는 경우에는 시공자에게 시정지시를 하고 위법사항에 대해서는 허가관청으로 고발하는 일을 하게 됩니다.

2016년부터는 설계자는 설계한 현장의 감리를 할 수 없도록 건축법이 개정되었습니다. 과거에도 설계와 감리를 분리하여 운용한 적이 있었습니다. 그때에도 아마 지금과 비슷한 고민을 하였을 것입니다. 저는 설계와 감리를 통합하는 것이 옳은지 분리되어야 함이 옳은지를 따질 생각은 없습니다. 하지만 이미 규정이 설계와 감리를 분리하여 운용하도록 되어있다면 그렇게 하는 이유를 이해할 필요는 있습니다.

많은 이들이 설계와 감리를 같이할 수 없도록 한 규정을 두고 이해할 수 없다는 이야기들을 하였습니다. 설계한 사람이 그 현장의 특성과 디자인 의도를 잘 이해할 수 있으니까 설계와 감리를 연속적인 작업으로 이해해야 한다는 것이 통상 설계 감리를 분리하지 말자는 측의 견해입니다. 저 역시도 다른 건축사가 설계한 것을 감리하다 보면 도면이나 상황이 이해되지 않아서 현장 감리를 하는 중에 실수하거나 당황하는 경우가 종종 있었는데, 그럴 때는 남의 설계를 이해하는 것이 의외로 쉽지 않다는 사실을 느끼고는 합니다.

설계와 감리를 분리해야 한다는 주장은 설계자가 감리를 하다 보니 건축주의 개인적인 사정과 편법적인 요구를 거부하기가 매우 어렵다는 것이었습니다. 감리는 건축주가 위법사항을 행했을 경우에 허가관청에 고발하는 것이 주 업무이자 의무인데, 설계하면서 이런저런 사정을 듣다 보면 불법행위를 만류하기가 어렵다는 것이지요. 예를 들면 준공 후에는 주차장 공간을 다른 공간으로 유용할 생각으로 미리 전기나 설비 배관 공사를 하는 것을 눈감아 달라거나 다락 공간이 법적인 규정보다 높게 시공되었는데 모른 척 눈감아달라는 등의 요구이지요. 이 주장은 현실적으로 그런 상황에 맞닥뜨리는 경우가 정말 많아서 건축사들이 곤란한 입장에 처하는 경험에서 나오는 이야기입니다.

설계와 감리를 분리하지 않아야 한다고 주장하는 편에서는 그러한 주장이 전문가로서의 소신 없는 주장일 뿐 설계와 감리를 통합하거나 분리한다고 달라지는 내용이 아니라는 것입니다. 오히려 다른 사람이 설계한 것을 감리하는 것은 도면의 이해가 완전하지 않아 실수가 있을 뿐만 아니라 자신의 설계처럼 적극적인 참여와 책임감을 느끼기가 어렵다는 것이지요. 이러한 주장 역시 현장체험에서 나오는 일리 있는 주장이라고 할 수 있습니다.

어찌 되었건 설계와 감리가 분리된 지금의 현실에서 감리자의 역할에 대해 이해할 필요가 있습니다. 감리는 건축현장에서의 감찰을 하는 역할입니다. 감찰의 대상은 시공자일 수도 있지만 더불어 건축주일 수도 있습니다. 게다가 주택 같은 소규모 현장에서는 건설회사 시공이 아닌 직영공사의 형식을 취하는 경우가 많아서 시공자인 건축주가 바로 감리의 감찰 대상이기도 합니다. 직영공사의 경우에는 시공자로 신고된 주체가 건축주이기 때문에 개인건설업자에게 공사를 맡긴 경우라도 감리가 감찰하는 사람은 시공자가 아니라 건축주가 되는 것입니다.

대개의 건축주들이 이해하기 어려운 부분이 바로 이 대목이라고 할 수 있습니다. 자기 자신을 감찰하기 위한 업무를 하는 사람을 비용을 주면서 뽑아 쓴다는 것이 참으로 이상한 상황이죠. 사실 그러한 업무는 세금 받고 일하는 공무원들이 해야 하는 일이 아닐까요? 맞습니다. 감리업무는 사실 경찰이나 검찰처럼 공무원들의 업무와 같은 것입니다. 그래서 감리비를 건축주에게 받게 하지 말고 세금으로 지급하도록 하자는 주장도 없지 않았습니다. 감리의 입장에서도 내게 용역비를 주는 사람이 위법행위를 하였다고 해서 그것을 고발조치한다는 것은 쉽지 않은 일이죠. 실제로 감리업무를 하면서 건축주의 위법행위를 발견했어도 이를 바로 고발하고 공사 중지 조치를 취하는 경우가 소규모 현장에서는 그리 흔치 않습니다.

건축현장이라는 것은 안전사고의 위험을 비롯하여 각종 민원과 법적 분쟁, 그리고 심한 경우에는 과거의 삼풍백화점 붕괴사고처럼 엄청난 재앙을 불러올 수도 있는 곳입니다. 교통사고의 현장만큼이나 건설현장에서는 수많은 인명사고가 끊이지 않으며 거리마다 공사가 중단된 현장을 보면 그 현장으로 인해 얼마나 많은 사람이 금전적인 고통을 받을지 하는 안타까움을 느낍니다.

그러한 점을 생각한다면 감리라는 것이 일반인들이 생각하는 것보다 그 역할이 매우 중요함을 느낍니다. 하지만 직영공사 현장에서는 위와 같은 이유로 원칙대로 감리한다는 것이 너무도 어려운 일이어서 적당한 선에서 타협하는 일이 흔히 발생하기도 합니다. 또한 감리의 지적이 법의 테두리 안에서 이루어져야 하는지 그렇지 않은지 판단하기 어려운 범위도 비일비재합니다. 예를 들어서 현장청소가 잘 되어있지 않아서 청소하고 공사하라고 지시했는데 그것을 이행하지 않았다고 해서 이를 이유로 허가관청에 고발조치까지 한다는 것은 특이한 경우가 될 것입니다. 하지만 실제로는 현장청소는 매우 중요해서 작업장 정리가 잘 되어있지 않은 현장에서 안전사고 위험이 많은 것은 당연한 일입니다. 그렇게 지적만 할 수 있고 고발을 할 수 없는 상황에서 감리에게 정상적인 감찰역할을 기대하기에는 한계가 있기 마련입니다.

현장에서 감리의 역할을 기대한다면 우선 건축주 스스로가 위법행위를 하지 않겠다는 자세가 필요합니다. 그리고 시공자에게 감리의 지시에 큰 이견이 없을 경우에는 따라주어야 한다고 당부할 필요도 있습니다. 특히 기성의 지출 시에 적정공정의 진행을 확인하는 것을 감리를 통해서 승인받도록 공사계약 시에 조건사항으로 제시하는 것이 바람직합니다. 다만 비상주감리의 경우 이러한 계약으로 인해 감리업무가 증가한다면 그에 따른 별도의 업무 대가에 대하여는 합의를 하여야 할 것입니다.

현장에서의 불합리한 점이 개선되기 위해서는 일단 감리의 행정적 권한이 강력하고 즉각적인 효력으로 발휘되어야 함은 물론입니다. 만약에 전문가로서의 양식에 기대어서 소신껏 일을 해주어야 한다고 주장한다면 그것은 매우 순진한 기대라고 하지 않을 수 없습니다. 너무도 오랫동안 감리를 형식적인 절차로 이해해온 사회적인 상황에서 어떻게 감리의 역할이 정상적으로 운용될 수 있을까요? 감리의 강력한 권한은 사용승인 신청 시에 잘못된 시공을 지적하고 업무를 거부할 수 있는 것입니다. 하지만 공사가 다 끝난 시점에서 주어지는 그와 같은 권한이라는 것이 무슨 의미가 있을까요?

감리의 역할은 공사 완공 시점에서 필요한 것이 아니라 공사의 과정에서 합법과 안전을 준수할 수 있도록 조치할 때 필요한 것입니다. 준공검사를 하기 위해 업무대행을 나가보면 도면엔 창이 있는 곳에 창이 없이 시공된 경우도 봅니다. 건축법으로는 문제가 없다고는 하지만 현장에서의 변경사항이 감리나 설계자에게 제대로 전달되고 확인되지 않았기 때문에 변경사항이 되면서 수정되지도 않은 채로 사용승인 검사신청이 들어온 경우라고 생각할 수밖에 없습니다. 이렇게 관계 기술자와의 협의 없이 임의대로 설계내용을 변경하는 것은 돌이킬 수 없는 결과를 만들 수도 있습니다.

최근에는 건축법이 개정되면서 새로이 '현장관리자'라는 분야가 현장에 배치되도록 규정되었습니다. 건설회사가 공사하지 않는 소규모의 현장에 건설회사의 현장대리인을 대신하여 현장관리자를 배치하도록 한 것입니다. 직영공사를 하려는 건축주로서는 집을 직접 짓지 않는 인원으로 감리자와는 별도로 현장관리자를 선임해서 배치해야 한다는 것이 영 부담이 아닐 수 없습니다.

하지만 공사관리자의 필요성은 직영공사의 문제점을 보완하기 위한 것입니다. 감리자가 현장에서 민원이나 위법사항이 있는지를 감시하는 감찰의 역할을 대신한다면 관리자는 건축주의 입장에서 안전, 공정, 자금관리 등의 공사 전반에 대해 지원합니다. 건축주가 공사를 직영하려고 하면 건축현장에 대한 지식이 부족해서 행정적인 대처를 하기가 어려운 경우가 많습니다. 상수도신청을 하거나 안전조치를 하거나 폐기물처리를 하거나 하는 등의 건설현장마다 일어나는 일들이 건축주로서는 처음 해보는 일이어서 일일이 주위에 물어가면서 하지 않을 수 없습니다. 그러한 것을 경험 있는 관리자가 대신해준다면 건축주는 직접 집을 지을 때 훨씬 걱정이 줄어들겠지요.

물론 대개의 경우는 공사를 맡은 '목수'가 그 역할을 대신합니다. 그래서 집을 짓기로 계약한 목수 입장에서는 관리자라는 현장인원이 왜 필요한지 이해를 못 할 수도 있습니다. 대개는 주인이 해야 하는 그러한 일들을 목수 자신이 하고 있으니까요. 하지만 직영공사에서의 목수는 사실은 현장관리자의 역할을 하는 것이 맞습니다. 현장관리자의 역할을 하면서 실제로는 행정기관에 신고되지 않았던 부분을 신고하여 공사하자는 취지도 있습니다. 이제까지의 목수는 건설회사의 역할을 하는 것이지 건축주의 역할을 하지는 않았습니다. 현장관리자는 목수처럼 총액을 계약하여 공사를 진행하는 역할이 아니라 월급을 받으면서 현장에서 일어나는 문제를 건축주의 입장에서 바라보는 감독관과 같은 역할을 하는 것입니다. 대규모 현장에서는 시공자와 대응하여 현장관리를 할 수 있도록 건설본부팀을 만드는데, 그러한 건설본부의 역할을 하는 것이라고 할 수 있습니다.

'공사관리자'는 직영공사의 현장에서 건축주를 대신하는 역할을 하는 사람을 말합니다. 직영공사에서는 시공자가 건축주로 신고되기 때문에 공사관리자는 시공자를 대신하는 것이기도 합니다. 아직은 안정되게 운용되고 있지 않지만 공사관리자의 역할을 충분히 활용한다면 경험이 부족한 건축주가 직영공사를 원만하게 수행할 방법이 되지 않을까 하는 기대도 있습니다. 아직 제도 초기 단계여서 이마저도 형식적인 절차에 불과해지지 않을까 하는 우려도 없지는 않지만, 공사관리자라는 분야에 전문성이 생기면서 실제로 그것을 직업으로 하는 사람들이 포진되기 시작한다면 전문성이 떨어지는 건설업자가 건축공사의 전반을 좌지우지하는 일들이 줄어들지 않을까 생각도 해봅니다.

2부

건축사 매뉴얼

01 건축사 매뉴얼

보통 카메라를 사거나 전기밥솥을 사면 매뉴얼이라는 이름의 작은 책자가 딸려옵니다. 사용방법이 자세히 적혀있는 책자입니다. 처음 접하는 물건을 구입하면 불편하더라도 이 매뉴얼을 잘 숙지하는 것이 구입한 물건을 망가뜨리지 않고 오래도록 쓸 수 있는 태도입니다. 그러므로 건축사 매뉴얼이라는 것도 건축사를 다루기 위한 사용법이라고 할 수 있습니다. 건축사 사용법이라니 마치 건축사를 사물처럼 모독하는 것이라고 말할지도 모르겠습니다. 저는 그런 의도가 아니라 건축사와 함께 건축설계를 잘할 방법을 고민하는 글이라고 이해해 주셨으면 하고 바랍니다.

집을 지으려는 사람이 가장 먼저 만나 상담하는 이는 대부분 건축사일 것입니다. 건축사는 집을 직접 짓지는 않지만 집을 짓기 위해 어떤 형태로 지을 것인지를 구상하고 그려주는 사람이기 때문입니다. 그러한 그림을 보통 '도면'이라고 하고, 그래서 건축사를 도면을 그려주는 사람으로 생각하기도 합니다.

우리나라에서 건축사라는 국가자격증이 생겨난 것은 1965년 4월, 처음으로 건축사시험을 치르면서부터입니다. 그 이전에는 행정대서사라는 직업을 가진 이들이 건축도면을 그려서 집을 짓고는 하였습니다. 그러한 국가자격으로서의 건축사가 아니더라도 건축물을 짓기 위한 도면작성을 직업으로 하게 된 것은 강점기 이후 소위 신식교육이 이루어지면서부터라고 할 수 있을 것입니다.

그러면 건축사라는 직업이 있기 전에는 집을 짓기 위해 도면을 그리는 사람이 없었을까요? 집을 짓기 위해서 도면을 그리긴 하였겠지만 건축도면을 그려주는 것만을 직업으로 하는 사람은 없었습니다. 건축만이 아니라 일반적으로 사물을 '만드는 사람'과 사물을 '구상하는 사람'이 따로 구분되어있지는 않았습니다. 집을 지으려는데 도면이 필요하다면 대목수가 도면을 그리는 것은 당연한 일이었을 것입니다. 지금처럼 세세한 도면이 아니더라도 몇 칸으로 집을 짓고 대청과 부엌을 어디에 두어야 할지를 간단히 그려서 시작했을 것입니다.

전에 사찰 기행을 다니다가 사찰을 짓는 대목수가 널판에 붓으로 기둥위치에 점을 찍어서 표시한 간단한 도면을 본 적이 있습니다. 그때는 저렇게 복잡한 사찰건축물을 이렇게 단순한 표식만으로도 지을 수 있다는 것에 감탄하였던 기억이 납니다. 아마도 전통건축에서는 오랫동안 준수해왔던 많은 규범들을 대목들이 오랜 숙련을 통해 이미 숙지하고 있기 때문에 단순한 도면으로도 집을 짓는 것이 가능한 것이 아닌가 생각합니다.

그래서인지 지금도 많은 분들이 건설기술자인 목수가 건축설계도 같이 하는 것으로 여기시며, 간혹 반대로 건축사가 집을 짓는 일까지 하는 것으로 오해하는 경우도 있습니다. 본래 역사적으로도 집을 짓는 것과 집을 구상하는 것이 분명하게 구분되지 않았으니 그렇게 생각하는 것도 자연스러운 일일 수 있습니다. 하지만 지금은 집을 구상하는 것과 그것을 구체화하여 만드는 일은 완전히 구분되어있으며, 건축사는 오로지 집을 짓기 위한 '계획을 세우는 것'만을 그의 직업으로 하고 있습니다.

제가 건축을 전공하겠다고 결심하였던 고교 시절 생각이 납니다. 지금 돌아보면 정말로 제 일생에서 매우 중요한 순간이 아닐 수 없었습니다. 하지만 제 남은 인생의 방향을 결정하는 그런 중요한 순간에 이해하고 있었던 건축이라는 분야에 대한 상식은 너무나도 사실과 벗어난 것이었습니다. 당시에 건축이라는 분야에 대해서는 '건축사'라는 독립된 직업이 있다는 사실도 몰랐거니와 집을 짓는 건설회사에서 건물을 디자인해서 짓는 것이라고 생각하였습니다. 건축을 전공하려던 학생이 가졌던 상식이 이러하니 당시에는 전문 직업군에 대해서 얼마나 많은 오해를 하고 있었을까 생각하면 참으로 좁은 눈으로 세상을 보았던 것 같습니다. 그러면서도 적성에 맞게 진로를 선택해야 한다고 하였으니 논리적으로는 맞지만 현실적으로는 실천하기 어려운 주문이었지요. 그래도 지금은 진학지도라는 상담과정이 있어서 어느 정도 전문분야에 대한 정보를 확인하고 진로를 정하는 듯합니다.

이제 건축사가 하는 일에 대해서 좀 더 찬찬히 이야기해 보겠습니다. 건축사를 나름대로 정의해 보면 '집을 구상하고 그것을 도면으로 표현하는 일을 주로 하는 사람'입니다. 아마 제가 보았던 전통사찰을 짓는 대목수들이 그런 도면을 여러분도 보았다면 도면 그리는 것처럼 간단한 일을 특별히 돈 받고 그리는 게 말이 되나 생각할 수도 있을 것입니다. 또한 마치 옷을 입고 식사를 하듯이 일상에서 늘 접해왔던 살림집 정도야 도면으로 그리는 게 무슨 대단한 일이라고 직업으로까지 필요하겠는가 생각할 수도 있을 것입니다. 적어도 도면을 그리는 전문 직업이 필요하다면 구조적으로 튼튼해야 하는 고층건물이나 기능적으로 복잡한 병원 같은 시설 정도는 되어야 건축사라는 전문가가 필요하지 않을까 생각할 수도 있습니다.

'살림집 정도야'라고 많은 사람들이 생각하지만, 제 경험으로는 살림집만큼 설계하기 어려운 대상도 흔치 않습니다. 제가 '건축사 매뉴얼'이라는 제목으로 글을 써야겠다고 결심한 이유도 사실은 살림집 설계에 대한 이야기를 주로 하기 위함입니다. 오피스나 호텔, 병원 같은 대상을 설계하는 것도 당연히 그 업종이나 분야에 대한 전문적인 지식과 프로그램에 대한 이해가 필요할 것입니다. 하지만 그런 것은 사업가나 호텔경영자 그리고 병원장님과 의논할 일이지 대개의 사람들이 알고 이해할 필요는 없을 것입니다.

반면 살림집이라는 것은 특수한 대상이 아니라 사람이라면 누구나 누릴 수 있는 공간이라는 점에서 전혀 전문적이지 않은 분야입니다. 어느 누구를 붙잡고 물어도 집에 필요한 공간이 무엇인지 지금 사는 집이 어떤 점이 불편한지를 물으면 다들 몇 마디씩 의견을 말할 수 있을 것입니다. 마치 밥상 위의 그릇처럼 일상생활에서 체험하는 것이 살림집이라고 할 수 있습니다. 실제로 단독살림집을 짓고자 하는 많은 사람은 건축사를 찾아가서는 자기가 그린 도면대로 설계해 달라고 요청하는 경우가 많습니다. 그만큼 집의 구조에 대해서는 누구나 친숙하고 쉽게 이해하고 있다는 말이지요. 이런 누구나 상식적으로 아는 살림집을 설계하기 위해서 건축사가 왜 필요한지, 그의 역할은 무엇인지를 이야기해 보도록 하겠습니다.

과거에는 집들이 비슷비슷하게 생겼었습니다. 전라도에 가면 대개 어떤 집들이 많고 경상도에 가면 대개 집들이 어떻게 생겼다는 공통적인 형태가 있었습니다. 전통사회에서는 당연히 집은 이래야 한다는 보편적인 형태가 지역마다 있었습니다. 그것을 건축학에서는 '유형(Type)'이라고 이야기합니다. 특정의 유형 속에는 그 지역 공동체의 문화와 관습 그리고 가치관 등이 스며들어있다고 말합니다. 때문에 실수 없이 설계를 잘하기 위해서는 그 지역의 건축유형을 이해하는 것이 매우 중요합니다.

서울의 북촌 같은 동네에 가면 대개 대문을 열고 들어가면 중앙에 마당이 있고 마당을 중심으로 방들이 배치된 중정형 한옥을 볼 수 있습니다. 일제 강점기 시절, 집 장사들에 의해서 집중적으로 보급되었다는 이러한 형태는 중부지방 민가의 평면에 기초합니다. 그것도 하나의 유형이 활용된 사례라고 할 수 있습니다. 지금 대단히 훌륭한 건축이라고 찬사받는 가회동 한옥들이 뛰어난 건축사의 설계에 의한 것이 아니라 집 장사들에 의해서 중부지방 민가의 평면을 토대로 만든 것에 불과하다면 깜짝 놀랄 수도 있습니다. 저 역시도 그러한 한옥을 돌아보면서 건축사 없이도 이렇게 좋은 집을 짓고 사는 것이 가능한데 굳이 건축사라는 직업이 필요할까 하는 생각을 한 적도 있었습니다.

알고 보면 북촌의 중정형 한옥은 전통건축의 기술자들이 근대의 기술로 인해 활로를 찾던 과정에서 만들어진 사회의 산물이기도 합니다. 그 시절에는 살림집을 구상하는 것이 지금처럼 복잡한 공간구성을 요구하는 시절은 아니었을 것입니다. 어쩌면 설계도 정해진 답안지를 작성하는 것처럼 이루어졌을지도 모르겠습니다. 하지만 지금은 세상이 많이 복잡해졌습니다. 똑같은 모양의 집을 지어달라는 경우는 거의 없어졌습니다. 저는 늘 상담할 때 집을 짓는 경제적인 판단은 '남들이 하는 방식'을 따르는 게 좋다고 조언하고는 합니다. 예를 들어 같은 질의 타일이라도 주위에서 많이 쓰는 타일을 선택한다면 분명히 물건을 구하기도 쉽고 반품도 용이하고 가격도 상대적으로 낮게 책정되기 마련입니다. 하지만 경제적인 이유로 보편적인 형태를 권유하면 대개 '그런 집에서 살 거면 아파트에 살지 살림집 설계를 왜 하겠습니까?'라고 반문하는 것이 이제는 아주 일반적인 모습이 되었습니다. 자신의 집과 공간은 남과는 다른 특별한 것이었으면 좋겠다는 생각을 하게 된 것입니다.

아마 이렇게 특별히 다른 집을 가지고 싶다는 욕망이 건축사를 필요로 하는 첫 번째 이유가 아니었겠는가 여겨집니다. 이렇게 점차 집을 지으려는 의뢰인들의 요구가 다양해짐에 따라 건축사들의 고민거리도 점점 많아지고 있습니다. 의뢰인의 요구에 따라 매번 다른 형태의 집을 설계하려고 하니 금세 머리가 백발이 될 것 같은 상황입니다. 이렇게 요구가 다양해진 것이 건축사를 필요로 하는 중요한 이유 중 하나가 되었습니다. 같은 것을 구상하는 것이 아니라 늘 새로운 것을 디자인하기 위해서 그것을 전문적으로 고민해 줄 사람이 필요해진 것입니다.

하지만 한편으로는 집을 디자인하는 입장을 넘어 남들과 다른 집을 가지고 싶다는 욕망엔 좀 더 깊이 고민하고 생각해 보아야 할 여지가 있습니다. 남들과 다른 집을 갖고 싶다는 욕망이 온당한 것인지엔 분명히 깊이 있는 사색이 요구되기 때문입니다. 그것은 단순한 취향적인 욕구 이상의 깊이 있는 성찰을 요구하는 질문이기도 합니다. 건축사를 필요로 하는 첫 번째 이유라고 말하면서도 특별한 집에 대한 욕망에 의문을 가지라는 것은 건축사의 존재 이유를 약화시키려는 의도가 아닙니다. '특별한 형태의 집'이라는 것이 좋은 집과는 의미가 다르기도 하거니와 서로 대치하는 개념일 수 있다는 생각을 한번 진지하게 할 필요가 있다는 것입니다. 제가 조언할 때는 남들과 다른 특별한 집보다는 자기에게 맞는 좋은 집이 어떤 집인지를 생각하는 것이 훨씬 의미 있는 생각이라고 말을 합니다.

건축사를 필요로 하는 두 번째의 현실적인 이유는 까다로운 법적 규정 때문이라고 할 수 있습니다. 왜 집을 짓는데 까다로운 규제들이 있는 걸까요? 자기 땅에 자기 돈으로 집을 짓기 위해 여러 종류의 사물을 쌓아 올리는데 법에서 이렇게 저렇게 규제하고, 그 규정을 따르지 않으면 위법 건축물이라고 하는 것 때문에 불편함을 겪습니다.

건축물에 대해 그렇게 규제하는 이유는 건축물이 사회적인 영향을 줄 수 있는 사물이기 때문입니다. 혼자 사는 무인도에서 집을 짓는다면 당연히 아무런 규제가 필요하지 않을 것입니다. 밖에서 자동차를 몰고 다닐 때 교통법규를 지켜야 하는 이유는 규정을 지키지 않을 때

사회에 피해를 줄 수 있기 때문입니다. 집을 지을 때도 내 물건이고 공간이니까 내 마음대로 할 수 있다는 생각을 하면 안 되는 이유는 그로 인해 발생할 사회적인 문제를 방지하기 위한 것입니다. 조선 시대에도 화재의 연소를 막기 위해 화방벽을 설치하라는 규정이 있었고, 사찰과 관청을 제외하고는 채색을 금지하는 규정도 있었으며, 일반서민의 집의 규모를 제한하는 등의 규정도 있었습니다. 이러한 건축에 대한 규제가 있는 이유는 개인재산이라고 하더라도 사회적인 이유로 제한할 수 있다는 생각이 밑바탕에 깔려 있기 때문입니다.

사람들은 법을 어긴다고 하면 살인, 강도, 사기 등과 같은 무시무시한 상상만 합니다. 건축법이라는 것이 그런 무시무시한 범법과는 다를 것이지만 일반인들이 알고 지키기에는 상식적으로 이해되지 않거

나 때로는 전문적인 지식을 요하는 규정이어서 지키기 어려운 규정도 적지 않습니다. 평소에 길거리에 휴지 하나 버리는 것도 조심하고 운전할 때 교통법규도 잘 지키던 분들도 집을 지으면서 건축법을 어기지 않고 집을 짓는 게 어려운 것은 법 규정 자체가 일상적으로 접할 수 있는 내용이 아니기 때문입니다. 이러한 규정들을 알려주고 법을 어기지 않는 범위 내에서 집을 짓도록 안내해 주기 위해서도 건축사는 필요하다고 할 것입니다.

때로는 규정이 이치적으로 이해되지 않는다는 경우도 많습니다. 예를 들어 주차가 불가능한 곳에는 건축허가를 내줄 수 없다는 규정이 있는데, '나는 운전할 줄도 모르고, 집에 차도 없는데 그렇다고 집을 못 짓게 하면 되는가?'라고 항변할 수도 있을 것입니다. 그리고 내가 내 집에 주차를 못 하는 것은 내가 불편한 것이지 그로 인해서 남이 불편할 리가 있느냐고 따질 수 있습니다. 만약에 상수도 공급이 되지 않아서 내 땅에 집을 지을 수 없다면 물은 사서 먹으면 되고 목욕은 아침마다 목욕탕 들러서 하면 되고 밥은 식당에서 사 먹으면 되는데 왜 집을 못 짓게 하느냐고 따질 수 있습니다. 이런 모든 규정에 이치적으로 답변하기는 매우 어렵습니다. 안타깝지만 사회가 학교와 다른 점은 정해놓은 규칙을 지키지 않으면 일일이 친절하게 해명하지 않고 위법행위로 처벌받거나 행위를 제한받게 된다는 것입니다.

법과 규정이 모두 상식의 범위 안에서만 이루어지는 것이 아니기 때문에 일반인들이 그것을 확인하고 따지기에는 어려움이 있을 수 있습니다. 이러한 사항을 확인하는 것을 행정업무라고 한다면 그런 행정업무 역시 건축사를 필요로 하는 이유라고 할 수 있습니다. 집을 짓기 위한 제반 법규를 이해하는 것이 일반인들에게는 어렵기 때문에 건축물을 짓기 위해서는 건축사의 확인을 요구하는 것이 또한 법으로 규정되어있는 사항이기도 합니다. 가끔 시시한 창고 하나를 짓는 데도 무슨 건축사의 확인이 필요하냐고 반문하는 경우도 있습니다. 하지만 시시한 창고라고 하더라도 일단 땅에 고정하고 나면 다시 변경하는 것이 쉽지 않으므로 사전에 건축사와의 확인을 통해서 공사하라는 것이 기본적인 건축사법의 취지입니다.

건축사를 필요로 하는 세 번째 이유는 집을 짓기 위한 도면을 작성하는 일의 비중이 점차 중요해졌기 때문이라고 할 수 있습니다. 집을 어떻게 지을 것인지 알려주는 것이기 때문에 도면은 당연히 매우 중요하겠지요. 앞서 말했듯이 예전에는 집을 짓기 위한 도면이라는 것이 간단한 몇 개의 선으로 해결되기도 하였습니다. 하지만 지금은 그런 식으로는 여러 공정이 복합된 건축공사를 진행하기 어렵습니다.

그런데 상담을 하다 보면 건축사의 도면에 대한 사람들의 기대와 이해는 정말 제각각입니다. 건축설계를 직업으로 하면서 집을 지으려는 의뢰인들의 반응을 보면 전반적으로는 도면의 중요성에 대해서 잘 이해하지 못하는 경우를 자주 접하게 됩니다. 한번은 설계계약을 하고 나서 설계 기간에 대해 설명하는데 도면 석 장을 그리는데 왜 그렇게 오래 걸리느냐는 질문을 받았습니다. 저도 깜짝 놀라서 '도면 석 장이라뇨?'라고 반문했더니 계약서에 도면 석 장을 최종 납품한다고 되어 있다는 것이었습니다. 그것은 3부를 3장으로 오해한 것이기는 하지만 집을 짓는 일이 석 장의 도면으로 가능하다고 생각한 것 자체가 저로서는 깜짝 놀랄 수밖에 없는 상식 이외의 반응이었습니다.

그와는 반대로 집을 짓는데 건축도면에는 집을 짓기 위한 모든 정보가 들어있을 것이라고 믿는 경우도 있었습니다. 건축사에 대한 무한한 신뢰를 보내준 것에 대해서는 감사할 일이지만 그렇다고 도면에 모든 내용이 담겨있을 것이라고 믿어버리는 것도 매우 순진한 판단입니다. 이런 경우에 도면에 표기된 내용을 확인하지 않고 시공자에게 무조건 도면대로만 지어달라고 하였다가 나중에 실망하게 되는 경우도 종종 있습니다. 특히 설계와 감리가 분리된 상황에서는 공사현장에서 설계자가 개입될 여지가 거의 없어지면서 도면에 대한 이해부족으로 공사현장에서 문제가 발생하는 빈도가 높아지기도 하였습니다. 건축도면에 어느 정도까지가 표현되는지를 이해하는 것은 건축주의 입장에서는 매우 중요할 수 있습니다. 이 도면에 대한 이야기는 다음 장에서 추가하여 설명하도록 하겠습니다.

간혹 건축사들은 왜 설계만 하고 시공은 하지 않느냐는 질문을 받기도 합니다. 건축을 전공했고 건축물을 짓기 위한 지식을 갖고 있고 주위에 아는 하청업체도 많을 텐데 직접 집을 지으면 더 많은 돈을 벌 수 있지 않겠냐는 의견을 제시합니다. 실제로 주위에 집을 짓는 시공자들 중에는 건축을 전공으로 하지 않은 사람도 많습니다. 그렇게 본다면 건축을 전공으로 배운 건축사가 시공을 하지 않는 이유에 대해 의아하게 생각하는 게 당연해 보입니다. 반대로 건설회사에서 역시 왜 설계를 직접 하지 않고 건축사사무소에 의뢰하는지도 의아하게 생각하는 분들도 있을 것입니다. 이는 설계와 시공은 마치 설계와 감리를 분리해야 한다는 것처럼 분리하여야 한다는 사회적인 당위성이 있기 때문입니다.

설계와 시공은 왜 분리되어야 할까요? 전술한 내용을 잘 읽어보셨다면 금방 그 이유를 알 수 있을 것입니다. 설계도면의 성격이 건축주와 시공자와의 계약서에 해당되기 때문입니다. 즉, 시공자가 직접 작성한 도면은 시공자에게 유리한 내용으로 도면이 작성될 우려가 있는 것입니다. 실제로 저희 도면을 보면 주기사항에 '시공자는 … 하여야 한다'라는 식의 유의사항들이 있습니다. 만약에 공사 당사자가 도면을 작성하면 자신이 책임져야 할 많은 부분에 대해 도면을 생략할 수 있을 것입니다. 때문에 건설회사가 설계를 직접 하지 못하는 것처럼 건축사들도 직접 시공을 하지 못하도록 하는 것이 기본 구조입니다.

여기까지 건축사를 필요로 하는 이유를 세 가지 정도 들어보았습니다. 이외에도 집을 짓기 위한 기술적인 가이드라인을 제시하는 것 역시 감리업무를 수행할 수 있는 건축사들의 역할이라고 할 수 있겠습니다.

지금 나열한 이유 즉, 집에 대한 욕구의 다양성, 건축 관련 법규에 관한 조력자의 역할, 복잡한 도면작성의 필요성, 집을 짓는 과정에서의 기술적인 정보의 제공이라는 것만으로 건축사라는 직업의 존재 이유를 말할 수 있을까요? 물론 이러한 내용들이 건축사를 필요로 하는 일반적인 이유라고 할 수는 있습니다. 하지만 그 정도의 필요성을 건축사의 존재 이유라고 하기에는 이 직업의 가장 중요한 역할이 간과된다고 볼 수 있겠습니다.

"이러다가 우리 직업이 머지않아 없어질 수도 있는 것 아닐까?"라던 한 선배의 말이 생각납니다. 직업이라는 것은 필요에 의해 생겨났으니 필요가 없으면 당연히 사라지겠지요. 그 선배의 이야기는 조만간에 이름 있는 대기업에서 양질의 살림집을 공장에서 만들어 공급할 것 같은데 그러면 사람들은 굳이 설계하지 않고 맘에 드는 살림집을 고르는 방법으로 집을 갖게 되리라는 것이었습니다. 마치 살림집도 자동차처럼 메이커가 붙고, 제품 카탈로그에서 골라 주문하면 공장에서 미리 만들어진 제품을 싣고 와서 현장에 설치해 주게 될 것이라는 생각입니다. 실제로 목구조의 살림집을 주로 짓는 일본에서는 그러한 방식으로 살림집을 기업화하여 공급하는 업체들이 많으며 우리나라에도 그런 방식은 조만간에 벌어질 살림집 공급방식이 될 것입니다.

사실 그러한 착상은 이제야 나온 것이 아닙니다. 근대건축의 거장이었던 르코르뷔지에도 아파트를 지을 때 뼈대와 공용 복도와 계단만 만들어놓고 각 주호는 공장에서 만들어서 크레인으로 집어넣으면 될 것이라고 생각했었습니다. 그렇게 하면 지금처럼 일률적이고 똑같은 아파트가 아니라 집집마다 인테리어가 다른 아파트가 주문되겠지요.

살림집을 공장 생산하겠다는 생각은 국내 모 기업에서도 스틸하우스라는 이름으로 추진되었었습니다. 여러 개의 샘플 도면이 있고, 살림집을 선택하면 현장에서는 재료를 조립만 하면 되는 방식으로 집을 짓는다는 생각이었지요. 그러한 방식은 최근에 공급이 늘어가는 목조 살림집에서도 가능합니다. 최근에 한옥을 모듈화해서 조립식으로 만들어보려는 시도가 호응을 얻기도 하였습니다. 목조건축물에서 그러한 시도가 가능한 것은 목조건축의 전통적인 공법 자체가 부재를 조립하여 만드는 것이기 때문입니다. 공장에서 미리 가공해서 현장설치가 어려운 공법은 조적조와 콘크리트조 같은 습식공법입니다. 최근에는 흄관과 같은 모듈화된 콘크리트 박스를 조합해서 살림집을 짓는 사례도 나타났다고 하니 선배의 그런 위기의식은 당연한 생각입니다.

저 역시 조금 다른 이유였지만 건축사라는 직업군이 조만간 상당한 위기에 직면할 것이라는 생각은 했었습니다. 그것은 인터넷이 제공하는 정보의 양과 질이 소위 건축사라는 전문 직업을 위협하는 수준에 도달하고 있다는 점 때문입니다. 의사와 변호사 같은 다른 전문 직업들도 이 상황에 대해 상당한 위협을 느낀다고 합니다. 이전에 전문 직업인들만이 가지고 있었던 많은 지식을 누구나 인터넷을 통해 쉽게 접할 수 있는 상황이 된 것이 그 원인이 아닐까 생각합니다. 재미있는 것은 이와 비슷한 위기의식이 16세기 초 인쇄술의 발달로 책이 양산되었을 때에도 있었다는 것입니다.

> 형태도 세련되고 쓰임새도 적절한 인쇄물은, 마치 악마의 유혹에 따른 공격에 대한 반격처럼, 신의 계시로써 이 시대에 발명되었다. 이제 어느 곳이든 박식한 사람들로 넘쳐나고, 현학적인 지도자도 많아졌으며, 책으로 가득한 서점도 늘어났다.
>
> **- 루시앵페브르, 강주헌 역, 『책의 탄생』, 돌베개, 2014, 560쪽.**

위의 글은 라블레가 쓴 글을 재인용한 것입니다. 지금 인터넷이 정보를 확산하는 현상과 비슷하지 않나요? 인쇄술의 발달은 실제로 루터의 사상을 유럽 전역에 전파하는데 지대한 영향을 주었고, 종교개혁이 일어나는 촉매가 되었습니다. 하지만 라블레의 염려와 달리 박식한 사람이 많아졌다고 해서 그게 인류발전에 저해가 되지는 않았습니다. 전반적으로 사람들이 박식해지는 거야 좋은 일 아닌가요? 하지만 아마도 지식을 독점하고 있었던 중세의 학자들에게는 이게 상당한 위협적인 사건이었나 봅니다. 그처럼 지금은 인터넷의 정보가 전문 직업군을 이렇게 위협하고 있는 것입니다. 저와 같은 건축사들이 대학 4년을 전공으로 공부하면서 달달 외웠던 지식들이 인터넷에서 몇 번의 질문을 함으로써 확인될 수 있다면 전문가의 위기는 위기지요.

건축사의 영역을 침범하는 간단한 사례를 들어볼까요? 이를테면 의뢰인이 인터넷을 뒤져서 예쁜 집의 사진과 평면을 들고 오는 경우가 있습니다. 그러면서 "저는 이런 집을 갖고 싶어요. 그냥 이렇게 그려주시고 허가를 받아주시면 돼요"라고 주문합니다. 그야말로 건축사는 의뢰인이 주는 자료대로 도면을 그리고 허가를 받아주면 되는 사람이 되는 것이지요. 아무리 경험을 토대로 그 인터넷 자료가 보여주는 문제점을 설명하려 해도 좀처럼 설득되지 않습니다. 문제점을 이야기하면 의뢰인은 또 다른 인터넷 자료를 가져옵니다. 전문가라고 하더라도 건축사는 개인에 불과한데 개인의 지식과 정보로 인터넷정보를 극복할 수 있을까요? 인터넷정보를 극복하기란 여간 어렵지 않습니다. 의뢰인이 가져오는 인터넷정보를 일일이 확인하고 그 정보의 진정성 여부를 설명해야 하는 것은 결코 쉬운 일이 아닙니다.

물론 예전에도 자기 집을 이렇게 저렇게 설계해달라고 지시하는 경우는 흔했을 것입니다. 하지만 그때는 건축사의 조언을 매우 신뢰하였습니다. 의뢰인의 요구도 그렇게 세부적이고 구체적이지 않았다고 합니다. 집이라는 것이 어떻게 하면 튼튼하고 비가 새지 않을 것인지에 대해서 알려주는 정도에서 만족하는 경우가 많았습니다. 하지만 최근에 의뢰인들이 가지고 오는 인터넷 자료는 매우 세부적이고 구체적인 경우가 많으며 또한 의뢰인들의 관심도 방수와 단열의 문제를 넘어서서 미적인 부분까지 확대되어 있습니다.

건축주 스스로 계획도면을 다 그렸으니까 건축사가 디자인을 고민할 필요가 없다고 하면서 설계비를 좀 낮추어줄 수 있지 않으냐는 경우도 있습니다. 건축사에게 이처럼 황당한 요구는 없습니다. 그들이 제게서 빌리고 싶은 것은 단지 건축사라는 자격뿐인 듯합니다. 전공으로 설계공부를 6년 하였고, 대도시에서 실무를 5년 이상 하였고, 건축사사무소를 자영한 지 15년이 넘은 건축사에게 도대체 바라는 것이 고작 자격증을 가지고 있으니 건축허가만을 받아달라는 소박한 요구인 이유가 무엇일까요? 역시 저는 이런 부류의 사람들도 '바보'라고 하지 않을 수 없습니다. 많은 비용을 주고 건축사를 고용하고서는 건축사를 활용하지 않는 그런 어리석음을 보면 달리 표현할 길이 없습니다.

어떤 경우에는 자기가 맘에 드는 집이라고 하면서 평면과 사진을 가지고 와서는 참고해서 설계해 달라고 하는 경우도 있었습니다. 설계를 직업으로 하는 입장에서 남의 설계를 참고하는 것이 썩 유쾌한 일은 아니지만, 건축주가 가지고 온 집의 평면과 형태가 제 마음에도 들어서 그것을 기초로 설계를 진행한 적도 없지는 않습니다. 하지만 그런 경우에도 똑같이 설계하지는 않습니다. 세상 모든 사람들의 눈과 코와 입과 귀가 비슷한 위치에 달려 있지만 똑같이 생긴 사람이 없는 것은 그 태생이 같을 수 없기 때문입니다. 결코 건축사가 다른 건물의 디자인을 참고한다고 해서 그대로 베끼지는 않습니다. 집이라는 것이 그렇게 복사하듯이 태어날 수 있는 것이 아니기 때문입니다. 다만 저는 이런 식의 요구를 받을 때면 의뢰인이 혹시 건축사의 역할을 건축허가를 받기 위해 도면을 대신 그려주는 사람으로 생각하는 것이 아닐까 걱정되기도 합니다.

정작 건축사라는 직업을 더욱 무의미하게 만드는 경우는 건축주는 오지 않고 시공예정자가 도면을 그려 와서는 이대로 허가를 내달라고 요구하는 경우입니다. 그는 건축주와 다 애기가 됐다고 말을 합니다. 그렇게 미리 도면을 그려 와서 그대로 허가를 받아달라고 하면 일이 매우 편할 것처럼 보이지 않나요? 하지만 이런 경우에 저는 설계비를 낮추기는커녕 더 많은 비용을 요구하기도 합니다. 제가 건축사를 직업으로 선택한 이유는 건축설계를 하려는 것이었는데 그분은 제 꿈을 포기시켰으니까 당연히 저는 그 대가를 요구해야 하는 것 아닐까요?

특별한 경우가 아니면 저는 이런 일은 수락하지 않습니다. 비용의 문제가 아니라 그것은 분명 좋은 집을 짓기 위한 방법이 아니기 때문입니다. 건축사에게 주인이 직접 오지 않고 대리인을 보냈다는 것은 그만큼 그 집에 애착이 적기 때문이라고 생각할 수밖에 없습니다. 집을 설계하는 것은 슈퍼마켓에 원하는 물건을 사러 심부름꾼을 보내는 것과 같은 방법으로는 결코 성공할 수 없습니다. 간혹 이러한 요구를 받는 것은 건축사라는 직업을 집을 짓기 위해 허가를 받아주는 사람 정도로 생각했기 때문일 것입니다. 실제 우리나라의 법 제도가 건축사의 승인 없는 도면으로는 집을 지을 수 없도록 되어있기는 합니다. 한때는 그런 법 때문에 자격증만 있어도 먹고살 걱정은 안 해도 된다고도 하였습니다. 하지만 법적으로 가능한 도면을 작성하는 것이 건축사가 필요한 이유일까요? 저는 이런 법적인 보장 자체가 건축사의 위상을 많이 떨어뜨리고 오해를 부른다는 생각을 합니다.

건축허가를 받아주는 일이 건축사의 역할이라면 건축사가 사회적으로 별로 필요 없는 직업이라는 데에 동의하지 않을 수가 없습니다. 게다 기술자가 아닌 건축사의 지식은 복잡한 기술자의 수학과 공학을 이해해야 하는 종류가 아니라 매우 상식적인 것에 불과합니다. 그나마 그중에 법규체크를 하는 게 가장 기술자의 지식에 가까운 것일 수 있겠네요. 그런데 법규라는 것도 이제는 인터넷으로 궁금한 것을 물어보면 바로 알 수 있는 상황이 되었습니다. 전문가랍시고 자기만 알던 지식이라는 것이 다 노출되는 상황이지요. 그렇다면 정말 가까운 장래에는 건축사라는 전문가가 더 이상 필요 없는 직업이 되는 것은 아닐까요?

건축사의 주된 업무는 좋은 집을 설계하는 일이지 관에서 허가를 받아오는 일이 아닙니다. 그런데 어쩌다가 허가관청에서 건축허가를 받아오는 것이 건축사가 하는 일이라는 생각을 하게 되었는지 참으로 이상합니다. 1965년 건축사라는 자격제도가 시행되기 이전에는 '행정대서사'라는 직업을 가진 분들이 집을 짓기 위한 기본 서류작성을 해주던 시절이 있었습니다. 지금 건축허가를 받기 위한 행정업무는 건축사의 아주 기초적인 업무에 불과한 일일 뿐입니다.

저는 집을 짓기 위한 도면작성을 누군가가 대신해 주거나 법규체크를 누군가 대신해준다고 하여도 건축사라는 직업은 필요하리라고 생각합니다. 오히려 그런 것이 건축사의 업무라고 생각했다면 그것이 바로 건축사에 대한 오해라고 말씀드릴 수 있습니다. 아무리 건축물이 법적으로 문제가 없는지를 확인하는 것이 집을 짓기 위한 필수적인 과정이라 해도 그것은 건축사의 업무 중에서 매우 일부분의 업무일 뿐입니다. 더구나 도면을 그리는 일 자체에는 정말 건축사가 아니어도 해결할 방법이 나올 것입니다. 최근에는 도면을 대신 그려주는 어플도 있다고 하고 그런 인터넷 사이트도 생겨날 것으로 생각됩니다.

즉, '집을 짓는 것이 가능하다'는 것을 확인하는 것이 건축사가 필요한 이유가 아닙니다. 현시점에서 건축사의 필요 이유는 법적으로 가능하고 공학적으로 가능한 집을 그리는 것으로 입증하는 것이 아니라 좋은 집이 되기 위해서 어떻게 해야 하는가를 고민하고 조력해 주는 것이라고 할 수 있습니다. 건축사를 개인적인 견해로 다시 정의한다면 '좋은 집을 짓기 위해 전문지식을 가지고 도와주는 사람'이라고 할 수 있습니다.

대가를 받고 일하는데 '도와주는 사람이라니요?'라고 되물을 수 있습니다. 하지만 제가 생각하는 건축사는 대가를 받고 의뢰인을 대신해서 일하는 사람이 아니라 의뢰인이 일할 수 있도록 도와주는 사람입니다. 좋은 집을 설계하는 것도 건축사의 일이기보다는 의뢰인 본인의 일이기 때문입니다. 건축사는 의뢰인이 판단을 잘할 수 있도록 계속해서 이런저런 제안을 합니다. 왜냐하면 건축사가 건축사가 살 집을 설계하는 것이 아니라 의뢰인이 살 집을 설계하고 있기 때문입니다. 설혹 건축사가 그것을 자기 작품인 양 세상에 소개하여도 그 집의 소유와 사용의 주체는 의뢰인인 것입니다. 그렇기 때문에 건축물의 주체인 의뢰인을 배제하고 마음대로 설계하는 것은 건축사가 해야 하는 건축설계가 아닙니다. 건축사의 설계는 의뢰인을 위한 배려여야만 하고, 그렇기 때문에 설계한다는 것도 의뢰인의 생각과 판단을 도와주는 역할임이 맞는 것입니다. 이런 경우 보통 대리인이라는 이름을 사용합니다. 건축사는 좋은 집을 설계하기 위한 건축주의 대리인인 것입니다.

전기밥솥을 사면 그 매뉴얼을 잘 읽어야 원하는 종류의 취사법을 선택할 수 있겠지요. 전기밥솥이 밥을 만드는 것을 도와주기는 하지만 결국 밥은 전기밥솥이 하는 것이 아니라 사람이 하는 것입니다. 설계도 건축사가 하는 것이 아니라 건축주, 즉 의뢰인이 하는 것입니다. 이제 이 장의 제목을 '건축사 매뉴얼'이라고 한 이유를 알 것입니다. 저는 건축사를 집을 짓기 위한 도구로 소개하려고 합니다. 건축사를 활용해서 당신이 원하는 집을 지으려면 그를 어떻게 다루어야 하는지 설명해 보려고 합니다. 혼자 하려고도 하지 마시고, 건축사에게 모든 것을 일임하려고도 하지 마시기 바랍니다. 좋은 집은 건축사가 무엇을 도와줄 수 있는 사람인지를 충분히 이해하고 그에 맞게 요구할 때 얻어질 수 있습니다.

건축사뿐 아니라 모든 전문직종의 종사자들은 그 전문직에 대한 배려와 존중이 없으면 제대로 자신의 일을 해낼 수가 없습니다. 이유는 간단합니다. 진열된 물건을 사는 경우에는 그가 사려고 하는 물건이 좋은 것인지 나쁜 것인지를 눈으로 보고 판단할 수 있지만 건축디자인은 건축사가 마주하는 프로젝트에 그가 적극적으로 참여하는지 아니면 마지못해 업무적으로 처리하려 할 뿐인지에 따라서 그 결과물의 질이 상당히 달라지기 때문입니다. 좋은 집을 설계하게 하기 위해서는 건축사를 그 프로젝트에 적극적으로 참여하게 하여야 할 것입니다. 법정에서 자신을 변호해 주어야 하는 변호인이 계약에 의해 마지못해 법정에 서서 일을 한다고 생각해 보세요. 변호인을 선임한 당사자는 얼마나 불안할까요? 설계 대리인인 건축사는 의뢰인이 원하는 좋은 집을 그려주는 '생각하는 도구'입니다. 생각하는 도구의 특징은 그의 의견을 존중해 줄 때 제대로 작동한다는 것이죠.

02 도면의 의미

건축사가 그리는 건축도면의 역할에 대해 이야기해 볼까요? 예전에는 도면이 없어도 집을 짓는 데 지장이 없었다고 하는데 지금은 왜 복잡한 도면이 필요한 걸까요? 그러면 도면이 복잡한 만큼 도면엔 집을 짓기 위한 모든 내용이 표현되어 있는 것일까요? 도면이 왜 복잡해졌는지 그리고 최소한 도면이 갖추어야 할 요건이 무엇인지 생각해 보지요.

도면은 집을 짓는 데 중요하기도 하지만 도면이 모든 것을 보증하지는 않는다는 점도 잘 이해해야 합니다. 간혹 설계를 잘 협의하고 진행하였다고 생각했는데 의뢰인으로부터 '나는 전문가도 아니고, 도면 볼 줄을 몰라서 그렇게 설계된 줄 몰랐다'고 항변하는 경우를 겪은 적이 있습니다. 일반적인 상식으로는 이유 있는 정당한 항변으로 들릴 수 있으나 제가 보기에는 그것은 의뢰인이라는 자신의 역할에 충실하지 못한 부당하고 어리석은 항변으로 여겨집니다. 일반적인 소비자의 경우의 예를 들자면 인터넷 판매 사이트에서 제품 사이즈를 잘 확인하지 않고서 어른 옷인 줄 알고 주문했는데 막상 받아보니 어린이 옷이었다고 항변하는 것과 크게 다르지 않습니다. 잘 확인하지 않고 주문한 것에 대한 책임은 의뢰인에게 있는 것입니다. 물론 고지가 제대로 되지 않았다고 항변할 수도 있지만 공사가 시작되고 나면 그것은 너무 늦은 항변일 뿐입니다.

집을 지으려고 마음먹은 순간 의뢰인은 일반적인 상품의 소비자와는 다른 태도로 도면에 접근해야 합니다. 도면을 보는 것이 불편하고 번거롭더라도 집을 지을 때 후회하지 않으려면 도면에 자신이 원하는 내용이 잘 표현되었는지 스스로 꼼꼼히 살펴보는 것은 매우 중요합니다. 도면을 이해하지 못하는 건축주 본인을 위해서 건축사는 도면을 대신 그려주기도 하고 그 내용을 알려주기도 하지만, 물어보지 않은 모든 것을 다 알려줄 방법은 없습니다. 같이 배운 학생들이 시험을 보았는데 전체적으로 성적이 안 나온다면 선생님의 잘못을 의심할 수도 있겠지만, 성적이 제각기 다르게 나오는 것은 선생님의 잘못을 탓할 것이 아니라 수업을 제대로 듣지 않거나 학습을 제대로 하지 못한 학생의 잘못도 적지 않습니다.

건축사가 도면을 작성할 때 그 도면의 독자인 건축주를 우선하여 고려하는 것이 아니라 시공자를 우선으로 고려하여 작성합니다. 건축도면은 집을 만들기 위한 것이기 때문에 사실은 그 집을 만들 사람이 이해할 수 있는 것이어야 합니다. 만약 그 도면이 어떻게 이루어진 것인지 알고 싶다면 의뢰인은 도면 보는 법을 숙지하고 시공자 이상으로 찬찬히 살펴봐야 합니다. 그리고 힘들더라도 만약 찬찬히 살펴보았다면 살림집을 짓기 위한 도면 정도는 대부분의 내용을 이해할 수 있습니다. 이해하기 어려운 내용이 있다면 건축사와 미리 상의하여야 하며 일단 시공자와 공사계약이 이루어지고 난 다음에 도면을 볼 줄 몰랐다고 변명하는 것은 이미 때 늦은 항변이라는 점을 명심해야 합니다.

도면의 역할과 중요성을 말하기 전에 의뢰인도 도면을 찬찬히 살펴보고 이해하는 시간을 가져야 한다는 것을 강조 드립니다. 설계하는 동안에는 이해 안 되는 내용이 있다면 언제든지 건축사에게 물을 수 있으니까요. 그리고 계획과정에서는 본인이 원하는 방향과 다른 점이 있다면 언제든지 수정을 요청할 수 있으니까요. 그것을 찬찬히 살피지 못하고 시공 계약을 하는 것은 분명히 건축주의 책임입니다. 물론 공사하는 과정에도 작성된 도면과는 다르게 시공을 요구하거나 공사에 반영하도록 할 수도 있습니다. 하지만 그러한 과정이라는 것이 얼마나 번잡하고 어려운 일인지는 한번 집을 지어본 경우에는 누구나 현실적으로 이해할 수 있습니다. 가급적이면 시공하는 과정에서 변경이 많지 않도록 최대한 도면작성 시점에서 모든 내용을 정리하는 것이 바람직합니다.

공사할 때 도면이 중요한 첫 번째 이유는 그것 자체가 시공자와의 계약서의 일부이기 때문입니다. 건축주와 시공자가 공사계약 할 때 필요한 서류는 첫째 계약서, 두 번째는 설계도면, 세 번째는 공사견적서입니다. 첫 번째 계약서는 계약당사자가 합의해서 작성하는 것이고, 두 번째 설계도면은 건축사가 작성하고, 세 번째 공사견적서는 설계도면을 보고 시공자가 작성하게 되는 것입니다.

이렇게 계약서의 첨부서류인 설계도면과 견적서는 그 내용이 일치해야 하지만 견적서는 설계도면을 바탕으로 시공사가 공사비 산출을 위해 작성한 것이기 때문에 공사계약은 견적서보다는 설계도면이 우선시 됩니다. 예를 들어 시공사가 실수로 견적서에서 화장실 타일 물량을 누락하였다고 해도 도면에 있는 이상 도면대로 시공해야 한다는 것입니다. 반대로 화장실 타일 물량이 100m2만 있으면 됨에도 불구하고 견적서를 작성할 때 초과하게 물량을 산출하였다고 해도 공사하면서 남은 타일은 의뢰인의 것이 아니라 시공사의 소유가 되는 것입니다. 즉 견적서는 도면대로 시공하기 위한 참고자료일 뿐이며 견적서에서 누락되었다고 해도 도면대로 시공해야 하는 것이 원칙입니다. 이것이 도면에 시공자가 작업해야 할 내용이 최대한 누락 없이 기입되어야 하는 중요한 이유입니다.

다만 기술적인 문제나 어떤 합리적인 이유로 도면대로 시공하기 곤란한 부분에 대해서는 특약사항을 작성해 견적서에 첨부해 제출하게 됩니다. 예를 들어서 에어컨은 공사에서 제외한다든가 화장실의 변기는 지급자재로 하겠다든가 하는 등입니다. 도면의 내용이 잘 숙지되었다면 이러한 특약사항을 꼼꼼하게 미리 정리할 수 있을 것입니다. 통상 건설회사 시공의 경우에는 특약사항뿐 아니라 공사내용 중 오해가 있을 수 있는 부분에 대해서 요약 정리하는 경우도 있었습니다. 그런 경우에는 공사내용을 더욱 이해하기가 좋더군요.

제가 염려하는 경우는 직영공사를 개인 시공업자와 계약해 하려는 경우입니다. 도면에 상세히 정리되어있다고 믿거나 견적서에 모든 게 기입되었을 거라고 믿기보다는 공사계약 전에 시공자로 하여금 공사내용을 정리해서 미리 제출받는 것도 좋습니다. 시공자가 공사내용을 정리해서 제출하는 과정은 도면의 내용을 시공자가 정확히 숙지하고 있는지를 확인하는 과정이 될 수도 있으며, 그런 절차를 통해서 공사내용에 대한 상호 오해를 줄일 수 있습니다.

건축사는 공사를 진행하기 위해서 최소한 3부의 건축도면 원본을 의뢰인에게 제출하게 됩니다. 왜 3부일까요? 하나는 계약 시에 의뢰인이 보관하라는 것이며, 다른 하나는 시공자가 보관하라는 것입니다. 두 개의 도면이 보관되어야 하는 이유는 앞에서 언급한 것처럼 그 도면이 공사계약서의 일부이기 때문입니다. 공사할 때는 마지막 한 부를 가지고 복사본을 만들어 공사하게 됩니다. 간혹 공사할 때 도면이 필요하다고 다섯 부를 달라고 하신 분이 나중에 보면 보관해야 할 도면도 없이 현장에서 모두 사용해 망실되는 경우를 보기도 하였습니다. 공사 중에 서로 의견이 안 맞아서 분쟁이 있을 경우에 계약 내용을 확인할 수 있는 것이 도면인데 그렇게 허투루 보관해서는 안 되겠지요.

주의해야 할 것은 공사 중에 도면이 부족하다고 다시 출력해 달라고 하는 경우입니다. 왜 다시 출력하는 것을 주의해야 하는가 하는 점은 공사 관리를 해보았다면 금방 이해할 수 있습니다. 현장에서 공사관리를 하다 보면 수없이 많은 메모와 변경사항이 발생합니다. 시공자든 건축주든 반드시 초기에 받은 원본도면에 그것을 메모하고 잘 관리하는 것이 중요합니다. 예를 들어서 화장실 타일을 300mm 크기의 특정제품을 쓸 것으로 메모해 놓았는데 메모한 도면이 망실되어서 새로 출력하게 되면 그동안 메모했던 모든 사항이 없는 도면을 받게 되는 것입니다. 일단 도면에 손으로 적기 시작하면 다시는 도면 출력을 하지 않는 것이 원칙입니다. 디지털 자료가 편리하긴 하지만 여전히 건설현장에서 최초의 출력도면이 중요한 이유는 컴퓨터로 변경된 도면은 원본을 확인하거나 수정과정을 확인하기가 어렵기 때문입니다.

차후 정산의 과정에서 근거를 확인하기 위해서 최초의 출력도면을 유지하는 것은 매우 중요합니다.

창의 위치를 옮기거나 방의 크기를 바꾸는 등의 작업도 현장에서는 컴퓨터에 의해서보다는 최대한 손으로 표기하는 것이 기본입니다. 특히 건축주의 경우에는 컴퓨터로 도면 작업하기가 어려우므로 제공받은 원본도면에 현장에서 합의한 내용과 그 날짜를 꼼꼼히 기입할 필요가 있습니다. 현장에서 변경내용에 따라 도면을 수정해 달라고 요청받는 경우가 종종 있지만, 도면을 변경하는 것은 계약 내용을 변경한다는 의미라고 할 수 있습니다. 단순히 작업자의 편이만을 생각해서 변경하다 보면 정산 과정에서는 매우 곤란한 상황이 벌어질 수 있는 것입니다. 항상 도면은 최초의 원본이 중요한 공사계약서라는 것을 잊지 않고 있어야만 합니다.

아마도 많은 건축사들이 자신의 직업이 우울하다는 생각을 하기 쉬운 때가 건축 법규집을 펴놓고 고민하는 순간일 것입니다. 건축사가 하는 중요한 업무 중 하나는 법규와 관련된 변명을 늘어놓는 일입니다. '집을 설계하는데 무슨 변명을 한다는 것이지?'라고 의아해하겠지만, 건축사가 관공서에 제출하기 위해 작성하는 도면은 온통 변명으로 가득 차 있습니다. '피고는 법을 어기지 않았는가?'라는 공무원의 질문에 '네. 저는 높이 제한규정을 준수하였고, 대지안의 공지를 확인하였고, 건축규모의 제한을 초과하지 않는 범위에서 집을 짓도록 설계하였습니다'라고 변론하는 것이 관공서에 제출하는 설계도면의 주 역할입니다. 공무원과의 대화는 온통 변명과 변론이 주된 내용이지요. 마치 건축사가 무슨 범죄현장의 피의자처럼 되어갑니다.

건축도면의 가장 기본적인 두 번째 역할은 건축주가 지으려는 집이 건축법 및 관련 법규에 적합하다는 것을 표현하고 확인시키는 것입니다. 물론 도면의 어느 부분이 건축법에 의한 강제규정이고 어느 부분이 자의적으로 선택할 수 있는 부분인지를 건축주가 확인하는 것은 어렵습니다. 예를 들어 어느 경우에는 창문의 크기를 임의로 키워도 법적으로 문제가 없지만 어떤 경우에는 창문을 키우면 위법인 경우도 있습니다. 어떤 경우에는 주차장의 위치를 옮겨도 되지만 어떤 경우에는 주차장의 위치를 절대 바꿀 수 없는 상황도 있습니다. 쉽게 말하자면 건축사와 상의 없이 도면의 내용을 변경했다가는 규정에 벗어나서 재시공해야 하는 경우가 발생할 수 있는 것입니다.

건축도면에는 그러한 규정이 반영되어 작성됩니다. 때문에 현장에서 디자인을 바꾸고 싶은 경우에는 반드시 건축사의 확인을 받고 진행하는 것이 매우 중요합니다. 간단한 변경이어서 괜찮을 거라고 생각했던 사소한 변경이 문제가 되어서 사용승인을 신청할 때 애를 먹는 경우를 종종 접하게 됩니다.

일반적으로 모든 건축물은 이웃한 대지 경계선으로부터 최소한 50㎝ 이상을 띄도록 규정하고 있습니다. 한번은 건축물의 마감이 페인트 종류로 설계되어있는 집이었는데 더 좋은 마감으로 한다고 1층 외벽을 인조석으로 붙여서 시공한 경우가 있었습니다. 문제는 이웃 경계선과의 이격을 너무 정확하게 시공하다 보니 애초에 50cm 정도의 여유 공간이 있었는데 인조석을 붙임으로 해서 인접대지경계선으로부터 40cm 정도밖에 여유 공간이 없게 된 것입니다. 이런 경우는 너무 정확하게 시공한 주차장의 경우에도 많이 발생합니다. 10cm 정도야 무슨 문제겠는가라고 생각하였다가 이로 인해서 붙여놓은 인조석을 다 떼지 않으면 사용승인을 받을 수 없다고 할 때는 기겁하고 맙니다. 10cm를 간과했다가 수백만 원의 비용손실이 발생하게 되는 것이지요.

건축법을 이해하지 못하는 상태에서 도면과 다른 시공을 했다가 낭패를 보는 사례는 의외로 정말 많습니다. 건축사들도 수시로 바뀌는 제반 규정들을 미처 숙지 못하고 허가과정에서 확인하는 경우도 적지 않습니다. 하물며 개인 시공업자들은 수시로 바뀌는 건축법과 관련법규정을 숙지하지 못한 경우가 얼마든지 있을 수 있습니다. 최근에는 공사가 중단된 현장을 인수받아서 2층으로 집을 짓다가 원래 허가는 1층으로 받았다는 사실을 알고는 어떻게 하면 좋을까 상담을 오신 분도 있었습니다. 그러한 심각한 변경의 경우에는 구조계산부터 다시 해야 하는데 미리 공사해버린 현장에 대해서는 아무도 그 책임을 지려고 하지 않기 때문에 애써 지은 건물을 허물지 않으면 안 되는 상황이라고 조언할 수밖에 없었습니다. 애초의 설계가 중요하다고 누차 강조하는 이유는 가급적 공사하는 과정에서는 변경하지 않기를 바라기 때문입니다. 공사 중에 변경이 허용되는 범위가 있지만 아주 사소한 변경이라고 생각한 행위가 돌이키기 어려운 상황으로 돌변할 수 있습니다.

도면이 갖추어야 할 세 번째 요건은 전술한 첫 번째의 요건에 부합하기 위한 것인데 견적서를 작성하는데 혼선을 주지 않는 도면이어야 합니다. 그러기 위해서는 집을 지을 때 필요한 적용할 재료와 시공 방법에 대해 명확히 표기해야 합니다. 하지만 이 점에 대해서는 현실적으로는 의견이 분분합니다. 왜 그럴까요? 똑같은 도면을 가지고 세 군데의 건설사가 시공하였을 때 똑같은 결과물을 만들어낼까요? 대개의 건축주는 당연히 같은 도면으로 시공하였으니 똑같이 공사할 것이라고 믿을 것입니다. 하지만 실제는 그렇지 않습니다. 그것을 이해하는 것은 도면의 성격을 이해함에 있어서 매우 중요할 수 있습니다. 설계도면에서 표현할 수 있는 한계가 무엇인지를 이해하면 스스로 정하고 결정해야 할 것이 무엇인지를 알게 되고, 이는 공사의 계약과 진행에서 어떻게 대처해야 할지를 판단하는 데 도움이 될 수 있습니다.

시공자가 같은 도면으로 서로 다르게 집을 지을 수 있다는 것은 도면에 표기된 내용을 찬찬히 살펴보면 알 수 있습니다. 이를테면 일반적으로 설계도면에는 특정의 제품을 지정하여 명기하지 않습니다. 양변기를 M사의 000번 제품을 쓰라는 식의 명확한 제품 지정을 하지 않는다는 것이지요. 예를 들어서 KS규격에 맞는 제품이라든지 혹은 단열재의 경우에는 비중이 얼마 이상의 제품이라든지 하는 식으로 명기합니다. 제품을 선정하기 위한 기준은 될 수 있지만 정확한 제품을 지정하는 것은 아니라는 말이지요.

짐작하시겠지만 도면에서 명확한 제품을 명기하지 않는 이유는 특정제품을 유도해서 상업적인 목적으로 활용하지 못하도록 하려는 의도가 있습니다. 그 점에 대해서는 이해할 수 있으리라 여겨집니다. 하지만 문제는 제품을 특정하지 않았을 경우에는 반대로 시공자에게는 제품 선택의 폭이 넓어지게 되고, 시공자는 계약 후에는 선택할 수 있는 제품 중에서 가장 가격이 낮은 제품을 선택할 가능성이 높다는 것입니다. 이 점을 잘 이해해야 합니다.

그러면 어떻게 해야 할까요? 일반적으로 설계도면이 다 작성되고 난 다음에는 그 도면으로 몇 개의 시공사로부터 비교견적을 받게 됩니다. 통상적으로 건축도면의 화장실 평면도에는 마감재가 '자기질타일'이라고만 쓰여 있는데 시공사들은 어떻게 견적을 내게 될까요? 이 점을 이해한다면 도면이 완성되었을 때 바로 견적을 맡길 수 없다는 것을 이해할 수 있습니다. 타일을 파는 곳에 가보면 얼마나 많은 종류의 자기질타일이 있는지 깜짝 놀라실 것입니다. 그중에서 아무 타일이나 골라서 공사해 달라는 의미로 받아들이면 시공자와의 다툼이 그 때부터 시작됩니다. 시공사는 자신이 제시한 견적서의 타일 가격을 보고 그 범위에서 결정해야 한다고 주장하고, 막상 시공사가 제시한 가격대의 타일이 마음에 들지 않으면 공사비를 추가해야 한다고 이야기하게 됩니다. 건축주는 그때야 공사비가 비쌌던 시공사에서는 타일 가격의 단가가 높았다는 점을 이해하게 되겠지요. 그때 가서야 시공사가 제시한 타일로는 시공할 수 없다고 하고 다른 타일을 고르면 타일 가격도 비싸지만 인건비도 같이 비싸진다고 하면서 공사비를 올려달라고 합니다. 타일의 종류에 따라서는 인건비도 달라지기 때문입니다. 이러한 상황은 너무나도 자주 접하는 경우입니다.

현장에서 이러한 상황이 너무도 흔히 발생하는 근본적인 이유는 설계도면에 건축 재료에 대한 정확하고 상세한 정보가 기입되어있지 않기 때문입니다. 이와 같이 설계도면이 집을 짓기 위한 모든 정보를 정확하게 알려주리라고 기대하기는 어렵습니다. 그 이유와 상황을 건축주는 이해해야 합니다. 재료가 명확하지 않은 경우 견적이라는 것은 재료의 단가를 가정하고 만들어진 견적이 되기 마련입니다. 비교견적을 하였을 때 참여한 모든 시공사가 성실하게 견적을 하였다는 것을 전제로 하여도 공사비를 높게 책정한 회사와 낮게 책정한 회사가 있을 수 있는 이유이기도 합니다. 같은 도면으로 견적서를 제출하였는데 공사견적금액이 낮다고 해서 공사이윤을 적게 잡았다는 의미가 아니라는 것입니다.

대개는 건축도면에 집을 짓기 위한 모든 정보가 있을 것이라고 믿고는 같은 건축물을 지을 수 있다면 당연히 낮은 가격으로 집을 지어주겠다고 제시한 시공사를 선택하는 경우가 많습니다. 하지만 건축도면에는 특정하지 않은 재료가 많기 때문에 시공사가 견적을 낼 때는 어떤 제품을 최종적으로 적용하였는지 확인을 하여야만 합니다. 바람직한 것은 특정의 재료를 쓰기를 원한다면 반드시 사전에 제품명이나 제품의 수준을 먼저 선택해서 견적하도록 견적조건을 만드는 것입니다. 하지만 사전에 모든 건축 재료를 정하는 것이 얼마나 어려운 일인지는 설계의 과정과 시공의 과정을 전부 경험해 본 사람만이 이해할 수 있습니다. 그 이유는 재료의 변동 및 구입가능성, 시공사의 역량 그리고 설계와 관련해서는 재료와 공사비를 사전에 민간공사에서 맞추는 것이 어렵다는 기술적인 문제와 미학적인 판단의 어려움 등이 작용합니다.

공사비를 명확하게 산출할 수 있는 도면을 작성하는 것이 얼마나 어려운 일인지는 앞의 글에서 누누이 설명했습니다. 그렇다면 계약서의 일부라고 하는 설계도면이 명확한 정보를 전달하는 것이 아니라면 어떻게 시공사와 계약을 하고 집을 지으라고 의뢰할 수 있겠느냐고 반문할 수 있습니다. 설계도면과 시공견적서에는 이러한 변수들이 많으며, 이러한 변수를 이해하고 그것을 미리 줄이는 것이 시공자를 선정할 때 문제를 줄이는 방법이 되기도 합니다. 결국 견적을 내는 데 혼선이 없으려면 공사내용의 한계와 범위가 잘 적혀있어야 할 것입니다.

만약에 시공견적에서의 변수를 최대한 줄이고 원하는 결과를 얻고 싶다면 본인이 원하는 재료를 미리 조사해서 제시하고 견적에 반영하도록 하거나 중요한 재료를 지급 품목으로 빼놓는 것이 좋습니다. 예를 들어 위생기기나 등기구, 에어컨과 같은 품목들이 대표적인데 이러한 것들은 재료를 사줄 테니 설치비만 공사비에 반영해 달라고 요청하는 것입니다. 그러한 것을 지급자재라고 합니다. 정직한 시공자라면 재료비에서 이익을 취하려는 것이 아니라 공사 관리를 위한 비용을 통해서 이익을 얻으려 하기 때문에 재료를 지급한다고 해서 시공을 마다할 이유는 없을 것입니다.

사람들은 도면을 요구할 때 일반적으로 인테리어공사와 건축공사를 잘 구분해서 이해하지 않습니다. 아마 좋은 건물이라고 한다면 외관도 중요하지만 내부도 잘 마무리되어야 하는데 일반적으로는 건축설계도면에서 인테리어에 대한 내용들을 잘 표현하지 않고 생략하기도 합니다. 비슷해 보이지만 분야가 다르기 때문에 자세한 인테리어 설계를 원하는 경우에는 별도의 설계과정을 거쳐야 한다고 조언하기도 합니다. 건축도면에서는 인테리어를 따로 발주하지 않을 경우를 대비해서 기본적인 마감 내용을 실내재료 마감표와 표준 상세로 정리하게 됩니다. 실은 재료선정에 혼선이 생기는 분야는 대개 실내재료를 선택함에 있어서 발생하는 경우가 대부분입니다. 그러한 혼선은 인테리어 설계를 따로 하지 않기 때문이라고도 할 수 있습니다.

인테리어 부분은 공사과정에서도 변동이 많을 뿐 아니라 색채나 세부적인 재료의 선정까지도 디자인 결과에 영향을 주기 때문에 무채색의 도면으로 표현하는 건축설계도면으로는 내용을 표현하는 것이 거의 불가능합니다. 만약에 실내마감을 특별히 자신의 취향에 맞게 만들고 싶다면 인테리어 부분을 별도로 발주할 수 있도록 도면을 분리해서 정리해 달라고 요청할 필요가 있습니다. 모든 분야에는 나름대로의 전문성이라는 게 있기 마련이며, 인테리어 역시 건축사들이 바라보는 시각과는 다른 전문성이 있다는 것을 이해하실 필요가 있습니다. 하지만 특별한 고급살림집이 아닌 일반살림집의 경우에는 인테리어 설계를 따로 발주하는 것 자체가 현실적으로 어렵습니다.

저는 최근에는 도면이라는 것이 반드시 흑백의 선과 숫자로 이루어져야만 하는 것은 아니지 않은가 생각하기도 합니다. 각종 기호의 조합으로 보이는 도면이라는 것이 집을 짓기 위한 정보를 일반인들에게 전달하는 데 애로사항이 있는 것도 사실입니다. 때문에 때로는 도면으로 표현하기 어려운 질감 같은 것은 사진이 더 유용할 수도 있습니다. 만약에 시공자가 제품을 선정하고 견적을 정확히 제시하는 데 필요하다면 굳이 흑백의 선과 숫자로만 이루어진 도면에만 의지할 필요는 없습니다. 구체적인 내용을 전달하기 위해서 사용되는 사진도 일종의 도면이라고 할 수 있습니다. 실제로 적용하고자 하는 제품들을 미리 선정해서 이미지 자료를 만들어놓는 것은 꼭 필요한 일이며 시공자선정 전에 해두기를 권하는 일이기도 합니다. 이러한 노력은 건축설계와는 별도로 인테리어 설계를 따로 발주하지 않는 경우, 공사계약 전에 건축주가 직접 선정하여 제시할 필요도 있습니다.

도면이 갖추어야 할 네 번째 요건은 집을 표현하는데 숫자로 이해할 수 있게 하여야 한다는 것입니다. 좋은 집을 짓기 위한 정보를 정확히 전달해 주는 것이야말로 도면의 궁극적인 목적입니다. 의미를 정확히 전달하기 위해서는 어떤 언어를 사용해야 할까요? 비유적인 표현보다는 직설적으로 말하는 것이 좀 건조하기는 해도 의미전달은 비교적 정확할 것입니다. 우리는 대단히 은유적인 표현을 잘 쓰는 민족입니다. 예를 들어 밤늦게 집에 안 가고 놀고 있던 아들 친구가 집으로 돌아가려는 순간에 '좀 더 놀다 가지'라고 말하는 것은 정말 더 놀다 가라는 의미가 아닌 경우가 대부분입니다. 손님을 초대해서 '차린 건 없지만…'이라고 말하는 것은 나름 열심히 준비했다는 의미입니다. 우리는 너무 솔직하게 말하는 경우를 오히려 예의 없는 것으로 치부하는 경우가 많습니다. 하지만 도면에서는 그런 은유적인 표현을 사용하는 것은 매우 위험해서 문학적인 표현을 사용하지는 않습니다.

사람이 사용하는 직설적인 언어 중에서도 가장 이중적인 내용을 담지 않는 정확한 방식이 무엇일까요? 인간이 사용하는 언어 중에서 가장 객관적인 언어는 아마 숫자로 표현하는 것일 겁니다. 예를 들어 '예쁘다, 빨갛다, 높다' 등의 감각적 표현은 의미전달이 매우 부정확한 방식입니다. 현장에서 예쁘게 해달라든가 좀 더 부드러운 이미지로 보이게 해달라든가 하는 등의 요구는 판단하기 어려운 무의미한 요구라고 할 수 있습니다. 집은 문학적인 수사로 지어지는 것이 아니라 정확하고 객관적인 용어를 통해서 지어지는 것입니다. 숫자로 말할 수 있는 것은 반드시 숫자로 표현하는 것이 좋습니다. 난간 기둥 간격을 좀 더 넓게 해달라고 하지 않고 300mm 간격으로 세워달라는 식으로 요구해야 하는 것입니다.

일상적인 언어에 비해 숫자는 매우 정확한 지점을 가리킬 수 있습니다. 창문의 폭과 높이, 실의 크기, 집의 높이, 재료의 두께와 강도, 이런 내용을 알려주기 위해서 도면에서는 감각적인 언어를 사용하는 것이 아니라 그것을 숫자로 표현합니다. 공간구성의 초기에는 감각적인 언어를 사용하지만 그것은 점차 차가운 숫자로 표현되어야 하는 것이 집을 구상하는 과정인 것입니다. 의뢰인은 건축사에게 요청할 때'저희 집은 높게 해주세요', 혹은 '제 방은 좀 크게 해주세요'라고 말할 수 있습니다. 하지만 건축사가 도면에 표기하는 방식은 모든 게 숫자로 이루어집니다. 어느 만한 크기가 원하는 만큼의 높이에 해당하는지 또는 원하는 만큼의 폭에 해당하는지를 숫자로 표현해야 하며 의뢰인도 이러한 표현에 반드시 익숙해져야 합니다. 대화하기 위해서 언어를 통일하는 것은 매우 중요하며 기술자의 언어는 숫자라는 것을 명심하여야 합니다. 도면이 시공하기에 불편하지 않도록 되어있는지 확인하는 기본적인 요건은 벽의 위치와 창문의 위치와 크기, 계단의 개수와 높이 등이 숫자로 일일이 명기되어있는지를 확인하는 것이라고 할 수 있습니다.

간혹 배치도에 건물의 위치가 숫자로 쓰여 있지 않은 도면을 볼 경우도 있습니다. 건축법에서는 건물의 위치가 허가받았을 때에서 1m 이상 이동하면 반드시 설계변경을 해야 합니다. 그런데 건물의 위치가 수치로 되어있지 않으면 도면에 그려진 것을 스케일 자[1)]를 대고 확인해야 하는데 이는 매우 부정확한 방법입니다. 배치도에는 반드시 건물의 위치를 잡을 수 있도록 시공기준점과 기준축이 있으며 그 기준점에서의 이격거리와 기준 축에서 기울어진 각도가 숫자로 표현되어야 합니다.

또는 평면도에서 창문의 위치가 수치로 표현되지 않은 도면을 볼 경우도 있는데, 이 또한 시공자의 임의시공을 허용하게 되어 의도하지 않은 입면이 될 수 있어서 좋지 않습니다. 건물을 만들기 위한 모든 내용이 숫자로 확인되어야만 그 누가 시공하더라도 비교적 비슷한 형태의 결과를 만들 수 있는 것입니다.

도면에서의 숫자는 매우 중요한 의미를 가집니다. 심지어 저는 설계

1) 축소되어 그려진 도면을 가늠하는 배율자

하는 것을 '생각을 숫자로 표현하는 것'이라고 말하기도 합니다. 도면은 낭만적인 에세이나 개념적인 철학이 아니라 객관적 실체를 냉정한 언어로 표현해야 하는 공사 안내서입니다. 물론 건축사가 설계한 건축물의 배경에는 어떤 의미 있는 철학과 가치관이 있을 것입니다. 하지만 도면에는 그러한 철학과 가치관을 쓸 필요도 없고 쓰지도 않습니다. 자신이 가진 건축에 대한 철학과 가치관을 결국에는 숫자화 하여 표기하는 것이 건축사의 표현방식이며 그것이 도면입니다.

03 참여를 통한 건축설계

옛말에 '자수성가(自手成家)'라는 말이 있듯이 집을 갖는다는 것은 많은 이들의 꿈이라고 할 수 있습니다. 물론 여기에서의 가(家)라는 것은 살림집만을 의미하는 것은 아니지만 자신의 집을 가지게 된다는 것은 인생에서 매우 중요한 의미를 가집니다. 처음 자기 집을 가졌을 때의 느낌엔 겪어보지 않은 사람은 알 수 없는 감회가 분명히 있습니다. 이미 지어진 집을 매입할 때에도 그럴진대 자신과 가족이 살 집을 직접 구상하고 짓는다고 생각하면 마음이 설레어서 잠도 못 이룰 지경이 됩니다.

자신과 가족이 살 집을 마련해 보자고 결심하고 자금계획을 세우고 나면 머릿속을 떠나지 않는 것이 어떤 집을 지을까 하는 구상입니다. 바로 그 구상이라는 것이 건축설계의 시작이라고 할 수 있습니다. 이런 오랜 숙원이었던 집을 구상하는데 건축사에게 전부 알아서 설계해달라고 맡겨버리는 경우는 거의 없습니다. 제가 만난 대개의 의뢰인들은 어떤 방식으로든 자신이 생각했던 집에 대한 생각을 그려서 가지고 옵니다. 아무리 서툰 그림이라고 하여도 의뢰인이 그려온 그림 속에는 반드시 건축사가 참고해야 할 중요한 정보가 있게 마련입니다.

이렇게 말하면 좀 과하다고 하실지 모르지만 자신이 어떤 집을 원하는지 잘 표현해서 건축사에게 알려주는 것은 의뢰인의 의무입니다. 그 의무를 게을리하면서 건축사가 자신이 원하는 집을 알아서 잘 설계할 거라고 믿는 것은 매우 무리한 기대입니다. 때로는 아무리 고민해도 좋은 생각이 떠오르지 않는다면서 몇 가지 대안을 만들어 보여주면 그걸 보고 결정하겠다고 하기도 합니다. 심정적으로는 이해되지만 그런 방식으로는 계획방향의 판단을 손쉽게 할 수 있을지는 몰라도 섬세한 욕구를 채우기에는 매우 부적절합니다.

건축사에 의존해 대안을 요구하기보다는 의뢰인 역시 집을 구상하는 데 조금 더 적극적으로 임할 필요가 있습니다. 그렇다고 의뢰인에게 평면을 그리고 입면을 그리라는 것은 결코 아닙니다. 도면으로 그리는 테크니컬한 작업이야 당연히 건축사에게 맡겨야 하겠지요. 의뢰인은 건축사에게 설계를 의뢰하기 전에 자기가 원하는 집이 어떤 것인지를 먼저 스스로 점검해 볼 필요가 있습니다. 이는 설계하기 이전의 단계로 건축주만이 잘할 수 있는 매우 중요한 일입니다.

예전에 단독살림집을 의뢰했던 나이 지긋한 노신사분과 거실 공간에 대해서 한참을 이야기하다가 주방계획을 하기 위해서 부인에게 문의하고 싶다고 하니까 자기가 다 알아서 말해 줄 테니까 걱정 말고 자기가 요구하는 대로 설계하라고 하신 분이 있었습니다. 저는 거실 공간에 대해서 그렇게 열심히 논의하셨던 분이 주방설계에 대해서는 적당히 알아서 하면 된다는 식의 이야기에 깜짝 놀랐습니다.

집을 구상한다는 것은 생활을 같이하는 모든 사람에 대한 배려를 전제로 해야 합니다. 때문에 살림집의 공간구성을 위해서 가족구성원의 이야기를 잘 듣는 것은 매우 중요합니다. 자신뿐만 아니라 모든 가족구성원의 희망사항을 수집하고 그것을 잘 정리하는 것은 건축사를 만나기 전에 이미 이루어져야 할 기본적인 사항입니다. 물론 설계하는 과정에서 그 꿈 중에 많은 것들이 포기되거나 바뀌기도 합니다. 그래도 살림집의 구상에 있어서 초기방향을 설정하는 데 그보다 더 중요한 것은 없습니다.

그러면 어떤 식으로 생각을 정리하라는 것일까요? 처음에 자기 가족의 특수한 고민을 먼저 메모해 보는 것이 좋습니다. 예를 들어서 나이 든 노모를 모시고 살아야 하는데 계단을 오르내리는 게 걱정된다든가 지금 땅의 위치가 차로와 가까워서 애들 안전이 걱정된다든가 또는 우리 집 주방은 거실에서 잘 보이지 않았으면 좋겠다든가 하는 염려와 바람을 정리하는 것이지요. 건축사가 설계하려고 할 때 만약 이러한 내용을 알지 못한다면 점쟁이가 아닌 바에 의뢰인이 원하는 집을 설계하는 것은 사실 불가능합니다. 자신이 원하는 집을 최대한 정리해서 알려주는 것은 아무리 힘들고 피곤해도 의뢰인 스스로가 하지 않으면 건축사가 대신할 수 없는 부분입니다.

그러면 설계하는 과정에서 의뢰인이 스스로 할 수 있거나 해야 하는 일이 무엇일까요? 그것은 건축사에게 주문할 자기만의 꿈을 꾸는 것입니다. 스스로에게 물어봅시다. 부엌은 어떤 느낌이면 좋을까. 좀 따뜻한 분위기? 아니면 소란스럽게 떠들 수 있는 곳이면 좋을까? 아니면 남에게 방해받지 않고 요리에 집중할 수 있는 곳이면 좋을까? 안방에 대해서도 생각해봅시다. 창문을 열었을 때 무엇이 보이면 좋을까? 침대를 쓸 것인가? 안방에는 서재를 만들까? 내가 꼭 갖고 싶은 특이한 공간은 뭘까? 이런저런 생각을 메모하듯이 글을 써보십시다. 자신이 갖고 싶은 공간과 가족들이 갖고 싶어 하는 공간에 대해서 가족들과 이야기를 나누어보기 바랍니다. 그리고 시간이 지나 지금의 어린아이가 자랐을 미래에는 어떤 공간이 또 필요할지도 생각해봅시다.

처음에는 이런저런 생각들을 성급하게 도면으로 그리려 하지 말고 수필을 쓰듯이 차분히 적어보면 좋겠습니다. 상담하다 보면 간혹 자기가 원하는 집을 그려보았다고 하면서 도면을 보여줄 때가 있습니다. 그런데 깜짝 놀라는 것은 그것을 파워포인트와 같은 프로그램을 활용해서 그리거나, 엑셀의 셀을 이용해서 선을 그어서 그리는 등 컴퓨터로 그려오는 분들이 있었다는 것입니다. 한번은 직접 그렸다는 도면의 표현방식이 참 특이해서 이런 건 무슨 프로그램으로 그리는 거냐고 물었더니 본인이 즐겨 하는 게임 프로그램으로 그린 것이라고 했습니다. 그럴 때는 상상할 수 없는 다양한 방식을 보면서 깜짝 놀라기도 하지만 우리에게는 원래 참 사용하기 편리한 손과 연필과 종이가 있는데 왜 꼭 컴퓨터프로그램을 이용해서 그리려 하는지 알 수 없다는 생각을 해보았습니다. 제가 늘 추천하는 것은 초기의 생각은 가급적 단순한 도구인 펜과 종이를 이용해서 표현하는 방법이 좋겠다는 것입니다. 도구가 복잡하면 생각을 방해할 수 있거든요. 마치 좋은 새 핸드폰이 단순한 통화를 원하는 어르신들에게는 더 불편할 수 있는 것처럼 말이죠.

특히 살림집을 설계할 때는 외형을 먼저 고민하기보다는 평면 구성을 먼저 고민하는 것이 좋습니다. 평면을 고민한다는 것은 자신과 가족의 형편에 따라 필요한 공간을 구상한다는 것인데 형편에 맞는 공간구성을 인터넷으로 찾는 것은 거의 불가능합니다. 집을 설계하는 것이 창의적일 수밖에 없는 것은 모든 사람의 제각기 삶의 패턴과 가족구성 그리고 취향이 다 다르기 때문입니다. 주방에 냉장고를 한 개 놓을지 두 개 놓을지, 보조 주방을 둘지 두지 않을지, 또한 화장실과 욕실을 분리할지 등등의 생활패턴은 제각기 다르고 취미생활이나 특별히 자기만이 갖고 싶은 공간에 따라서도 공간구성은 달라집니다. 상담을 하다 보면 의뢰인들이 자기만의 특별함에 대해서 이야기하는 경우를 자주 접합니다. 건축사의 입장에서 보면 특별하지 않은 사람은 거의 없습니다. 거기에다 건축사의 디자인 취향도 다 다르다는 점도 건축공간구성이 창의적일 수밖에 없는 이유가 되기도 합니다.

최근에는 인터넷을 통해 예쁘고 멋있는 집을 쉽게 검색할 수 있습니다. 그래서 종종 인터넷에서 맘에 드는 집의 이미지를 보여주면서 설계를 그같이 해달라고 요구하기도 합니다. 하지만 대개 집의 외관 사진을 보여주면서 그와 같이 설계해 달라고 하는 것은 어떤 면에서는 의미가 없거나 매우 곤란한 경우가 많습니다. 왜냐하면 인터넷에서 볼 수 있는 외관이라는 것은 내부공간에 의해서 만들어지는 경우가 대부분이기 때문입니다. 자기가 살 집을 지으려는 의뢰인에게 필요한 자료는 이러한 게 아닙니다. 남의 집을 기웃거리기 전에 자기에게 필요한 집과 공간이 어떤 것이었으면 하는지 사색하는 시간이 필요합니다.

자신이 원하는 공간을 스스로에게 물어서 그리지 않고 인상적이고 좋아 보이는 공간의 사진을 잔뜩 가지고 오시는 분들도 있습니다. 하지만 세상에 맘에 드는 이성이 아무리 많아도 결혼할 상대는 단 한 사람이어야 하듯이 마음에 드는 모든 분위기를 다 누릴 수는 없습니다. 정말 자신이 취하고 싶은 단 하나의 공간이 가진 느낌이 무엇인지는 숙고해서 선택해야 하는 것입니다. 마트에서 쇼핑하는 마음으로 인터넷을 뒤지고 잡지를 오려서는 결코 원하는 집을 그려나갈 수 없습니다.

세상에 널려있는 여러 가지의 좋은 집의 평면 구성을 참고하고 멋있는 입면들을 분석하는 일들은 건축사가 더 잘할 수 있습니다. 늘 그런 일을 해왔거든요. 의뢰인은 다른 사람의 집을 기웃거리기보다는 자신의 마음속에 있는 집을 관찰하고 그것을 건축사에게 고백하듯이 요구하는 것이 가장 중요한 건축설계의 방법입니다.

“내가 살 집인데, 왜 내가 원하는 대로 그려주지 않나요?”라는 말을 들을 때도 있습니다. 물론 건축사는 사실 의뢰인에게 있어서 도구와 같은 것입니다. 자신이 원하는 집을 대신 그려주는 도구이지요. 하지만 절대 간과해서 안 되는 것은 건축사는 단순한 도구가 아닌 ‘생각하는 도구’입니다. 만약 건축사가 그저 시키는 대로 그려주지 않을 때는 분명 차마 그러지 못하는 이유가 있는 것입니다. 자신이 원하는 대로 건축사가 그려주지 않을 때는 그 이유를 잘 들어보시기 바랍니다. 설계는 결코 의뢰인 혼자서 완성할 수 있는 것이 아닙니다.

그렇다고 해서 건축사가 항상 올바른 판단을 한다는 것은 아닙니다. 다만 그래도 건축사는 최소 십수 년을 집을 구상하는 일로 살아온 전문가입니다. 집을 디자인하고 지을 때 발생했던 많은 문제에 대한 경험을 아무래도 일반인들보다는 많이 가지고 있지요. 그 경험을 존중하면서 자신이 바라는 집을 요구하기 바랍니다. 집을 그리는 과정은 항상 건축사와 의뢰인이 함께 이루어나가야 합니다. 물론 같이 구상하는 것은 혼자만의 판단으로 그려나가는 것보다 어렵습니다. 왜 상대방이 내 생각을 받아들이지 않을까 화가 나는 경우도 자주 발생합니다. 하지만 그러한 과정을 통해서 얻어진 도면을 후회하지 않을 가능성이 가장 높습니다. 혼자 하는 설계보다 건축사와 함께하는 설계는 훨씬 어렵습니다. 마찬가지로 건축사 역시 혼자 집을 구상하는 것보다 의뢰인과 같이 구상하는 일이 매우 어렵습니다. 그래도 의뢰인에게 잘 어울리는 좋은 집을 구상하는 일은 그 어려운 방식으로 진행해야 합니다.

자기가 살 집을 자기가 그려보는 것은 아주 즐거운 일이지만 혼자서 그리다 보면 아주 나중에 발견된 단 하나의 실수로 서넉 달을 고민해온 모든 것을 포기해야 하는 경우가 허다하게 발생합니다. 흔하게 발생하는 실수 중 하나는 이층집을 구상하면서 계단의 면적을 감안하지 않는 경우입니다. 자신이 필요한 집의 면적이 45평이면 충분하다고 생각하였는데, 이층으로 하면 멀리 전망도 볼 수 있으니까 이층으로 구상해 달라고 요구하는 경우가 있습니다. 일층이면 45평으로 가능한 공간이 이층이 되면 각 층마다 계단면적으로 3~4평 정도 추가로 필요하게 되거니와 층이 달라짐으로써 화장실이 추가되는 등의 문제가 생기면서 약 8평 정도의 면적이 추가되어야 같은 공간을 누릴 수 있게 됩니다. 이러한 설명을 듣고 나면 전망을 보기 위해서 약 4천만 원 정도의 공사비가 추가될 거라는 의미가 환산되고, 그것은 공간구상에 당연히 큰 영향을 주게 됩니다.

결국 계단이 면적에 포함되는 것을 나중에 알고 나서 법규에 맞게 면적을 조정하다 보면 멋있게 꾸미고 싶었던 특별한 공간을 없애야 하는 상황이 되기도 합니다. 또 다른 흔한 실수는 자기가 살던 곳의 화장실 면적을 재어보니 1.5m 폭이면 되더라 하고 그렇게 계획을 잡는 경우입니다. 나중에 알고 보니 줄자로 직접 재었던 1.5m의 폭은 벽체 중심으로 따지면 1.7~1.8m의 폭으로 벽을 세워야 가능한 치수였던 것입니다. 도면으로 작성할 때에는 벽체 두께를 감안해야 하는데, 벽 두께가 어느 정도 필요한 것인지를 모르는 상태에서 몇 달을 고민해서 그린 도면이라면 의미 없는 휴지가 될 수도 있습니다. 결국에는 본인이 원했던 집이 20평 정도면 되는 줄 알았는데 25평 정도의 면적이 필요한 상황이 되는 것입니다. 이러 저러한 단순한 이유가 처음으로 도면을 그려보는 일반인들에게는 대단히 낯선 작업일 수 있으며, 또 그런 단순한 오류가 결국 계획을 전부 다시 해야 하는 상황으로 변하게 됩니다. 때문에 생각을 도면화 하는 과정에서는 반드시 건축사와 같이 고민하는 일이 필요합니다.

설계를 하다 보면 의뢰인이 원하는 많은 꿈들이 포기되는 경우를 많이 봅니다. 공사비와 같은 현실적인 이유로 포기하는 경우도 있고, 본인이 필요로 하는 공간의 합은 30평인데 집의 총면적은 25평 이내였으면 좋겠다는 식의 정리되지 않은 계획 때문에 포기하는 경우도 있습니다. 건축사는 어쩌면 그런 꿈들을 냉정하게 포기시키는 일을 많이 합니다. 대개 자신이 가진 자금보다 더 많은 것을 꿈꾸게 됩니다. 그래서 '꿈'이라고 하는 것이겠지요. 그중에 포기하지 않고 실현할 만한 가치가 있는 바람과 여건상 포기하는 게 나을듯한 일장춘몽을 선별하는 것도 건축사가 하는 주된 일 중 하나입니다.

건축사가 포기하기를 권유하는 것은 그 꿈이 의미 없다는 이야기는 결코 아닙니다. 건축사 역시 구현하고 싶은 건축공간에 대한 꿈을 가지고 살아갑니다. 또한 만들어보고 싶은 디자인에 대한 꿈이 있기 마련입니다. 그것은 인간이면 누구나 자기가 하는 일에서 가지고 있는 바람과 같은 것일 것입니다. 하지만 집을 짓는 것은 매우 냉정한 작업입니다. 인터넷에서 보았던 예쁜 벽을 만들려면 비용부담이 어느 정도인지 혹은 여기서 기술적으로 해결할 수 있는 것인지, 사진으로 본 이미지가 실제로는 어떤 문제를 가지고 있는지 여러 가지 부정적인 이야기를 늘어놓을 수밖에 없는 것도 건축사의 역할입니다. 아름다운 꿈이 집을 짓는 과정에서 악몽으로 변하지 않기를 바라는 마음 때문에 염려되는 바를 이야기하는 것입니다. 마치 신혼 여행을 떠나려는 자녀에게 운전 조심해라, 문은 잠그고 자라 등 잔소리를 할 수밖에 없는 부모처럼 말이지요.

직접 자기 집을 그려보고 싶다는 의뢰인에게 제가 할 수 있는 조언은 이렇습니다. 인터넷을 먼저 뒤지기보다는 자기가 처한 조건을 먼저 확인하고 정리하시기 바랍니다. 그리고 그것을 구체적으로 그리는 단계에서는 혼자 그리려고 하지 말고 건축사와 함께 그리시기 바랍니다. 건축사는 집의 구상을 같이하고 도면을 대신 그려주는 생각하는 도구입니다. 건축구상의 기본 방향은 의뢰인의 마음에서 출발하지만 그것에 시동을 걸고 나아가는 것은 혼자서는 가기 어려운 험난하고 복잡한 길입니다.

04 집을 구상하는 순서

집을 구상한다는 것은 집을 계획한다는 의미입니다. 이를 통상 계획설계라고 합니다. 집을 구상하는 것은 얼핏 간단한 것처럼 생각될 수도 있지만 처음 집을 지으려고 결심한 이에게는 매우 낯설고 쉽지 않은 일입니다. 간단해 보이는 살림집도 매우 복잡한 요소들이 결합되어서 판단되는 것입니다. 마치 흐린 날 아침에 우산을 들고 갈까 그냥 갈까 하는 망설임과 같은 순간이 너무도 많습니다. 이러한 복잡한 고민을 좀 더 쉽게 하기 위해서 수많은 고민을 필요한 순서에 맞게 하나씩 풀어나가는 것입니다. 이를 위해서 의뢰인이 설계에 참여할 때에도 설계의 순서에 따라서 고민하는 것이 매우 중요합니다. 예를 들어서 평면구상을 하면서 지붕의 형태와 지붕 재료를 고민하는 것은 생각의 집중도만 떨어뜨리고 정작 당장에 해결해야 하는 공간구성에는 아무런 도움이 되지 않습니다.

건축사협회에서 회원들에게 제안하는 중요한 화두 중의 하나가 계획설계의 비용을 제대로 받자는 주장입니다. 그게 주장이라고 하는 것은 비용을 받지 않고 계획설계를 해주는 경우가 많다는 이야기이겠지요. 계획설계는 흔히 '가설계'라는 말로 통용되기도 합니다. 최근에 관공서에서 받은 행정편람에도 가(假)설계라는 용어가 사용된 것을 보았습니다. 가설계는 본격적인 설계를 하기 전에 임시로 안(案)을 만들어보는 설계라는 의미입니다. 건축사협회에서는 가설계라는 말도 사용하지 말자고 합니다. 설계라는 것이 본래 무형의 지적작업(知的作業)인데 임시로 하는 설계라는 것이 말이 되느냐는 것이지요. 저 역시도 그 생각에 동의합니다.

同道異夢

집을 구상하는 과정에서 계획설계가 갖는 의미와 비중은 결코 작지 않습니다. 계획설계를 무료로 하지 말자는 것은 그만큼 업무비중이 작지 않기 때문입니다. 그런데 저는 그런 비용의 문제나 업무비중의 문제가 아닌 다른 이유로 무료로는 계획설계를 하지 않습니다. 물론 설계계약을 하면 계획설계부터 시작하지요. 계약 전에 계획설계를 하지 않는 이유는 그게 단순히 서비스로 해줄 수 있는 업무가 아니기 때문입니다. 어쩌면 제가 이 책을 쓰는 가장 중요한 이유도 무료 계획설계가 왜 어려운지 그 이유를 설명하기 위함이 가장 클 것입니다. 계획설계가 갖는 의미와 과정은 의뢰인에게도 중요하고 건축사에게도 매우 중요합니다.

의뢰인의 입장에서는 계획안을 먼저 받아보고 설계 의뢰를 할지 말지 결정하고 싶다고 생각하는 것이 너무도 당연합니다. 아마 주위에서 건축사에게 설계계약을 하기 전에 먼저 계획안을 보고 결정하라는 조언도 받았을 것입니다. 건축설계비용이라는 것이 작지 않은 비용을 지불해야 하는 것이기 때문에 그런 염려를 하는 것은 당연합니다. 게다가 건축사가 제시하는 계획안이 너무 마음에 들지 않는다면 선뜻 설계를 의뢰할 수 없을 것입니다.

하지만 많은 오해 중의 하나가 건축사들이 늘 해오는 일이기 때문에 컴퓨터로 쓱싹쓱싹하면 금방 계획설계 도면을 만들어서 보여줄 수 있을 거라고 생각하는 것입니다. 심지어는 건축사사무소의 컴퓨터 속에는 다양한 도면들이 들어있어서 그중에 적당한 것 하나를 꺼내서 땅에 맞추어 늘리고 줄이기만 하면 되는 일 정도로 생각하기도 합니다. 사실은 그 생각에 부응하려고 고생하는 건축사들도 많아요. 제발 현실은 그게 아니라는 점을 이해해 주시기 바랍니다. 건축설계는 정신적인 집중력을 요하는 작업이기 때문에 계획설계를 제대로 한번 하고 나면 며칠은 탈진할 정도가 돼버리기도 합니다. 그리고 며칠을 고민해서 만든 계획안이 구체적인 현실로 실현되지 않고 사라질 때는 심리적인 상실감을 느끼기도 합니다.

하지만 저는 그런 이유로 계획설계를 못 한다는 것이 아닙니다. 초창기 사무실을 운영할 때 열심히 계획설계를 하고 미팅 전에 외관 이미지를 홈페이지에 올렸더니 그것을 본 상담예정자가 디자인이 자기가 원하는 모습이 아니어서 미팅을 할 필요가 없다는 전화를 받고는 황당했었던 적도 있습니다. 아마 그분은 어차피 의뢰하지 않을 텐데 굳이 서로의 시간을 낭비할 필요가 있겠느냐고 생각하고 전화를 한 것일 것입니다. 이 글을 읽으시는 분들은 그게 얼마나 무례한 일인지를 이해해 주셨으면 합니다. 계획안을 만들 때는 그게 계약으로 성사되지 않더라도 그 안이 어떤 생각을 통해 만들어진 것인지를 들어보아야 할 의무가 의뢰인에게도 있는 것입니다. 자기와 다른 생각을 확인하는 것은 시간을 낭비하는 것이 아니라 좋은 집을 구상하기 위한 중요한 하나의 과정입니다. 저는 그날은 매우 불쾌해져서 언짢은 하루를 보낼 수밖에 없었습니다.

점차 계획설계가 중요한 설계과정이라는 인식을 많이 하는 것 같지만 여전히 한 번쯤 간단하게 계획안을 잡아줄 수 있지 않으냐는 요구를 종종 듣습니다. 계획설계의 의미를 이해하기 위해서 현상설계라는 제도의 예를 들어보겠습니다. 공공기관의 설계방식 중에 '현상설계 공모'라는 것이 있습니다. 어떤 시설을 지으려고 할 때 좋은 안을 제시하는 건축사에 설계권을 주는 방식이지요. 여러 개의 건축사사무소가 지원서를 제출하고 며칠 동안 밤샘작업을 하면서 설계안을 만들어 응모하게 됩니다. 그중에 가장 좋은 안을 심사해서 당선시키는 방식이지요. 최근에는 2등과 3등에게는 약간의 참가비를 주기도 합니다. 현상설계라고 하는 것은 결국 계획설계안을 심사해서 당선안을 뽑는 것이지요. 인맥이나 가격경쟁을 통하지 않고 오로지 실력으로 승부한다는 의미에서 현상설계는 건축사들에게 공정하게 실력을 겨루는 장으로 생각되기도 합니다.

그러면 현상설계 방식에는 문제가 없을까요? 간혹 현상설계에 참가경험이 있는 건축사들은 공정한 심사에 이의를 제기하는 경우도 있습니다. 현상설계의 핵심은 공정한 심사입니다. 하지만 저는 공정한 심사의 문제 이상으로 현상설계라는 방식 자체에 좋은 집을 만드는데 적절치 못한 시스템이 숨어있는 것이 아닌가 하는 의심을 하고 있습니다.

현상설계에서 표출되는 것은 평면의 구성과 외관입니다. 설계자는 당선되기 위해 당연히 멋있는 외관에 집중하게 되지요. 그러다 보니 현상설계를 통해 완공된 건물들의 공통적인 점은 멋있는 외관에 비해서 내부 시설은 수수하게 마무리된 경우가 많다는 것입니다. 현상설계에 당선되고 나서는 당선안에 제시된 외관을 완성하기 위해 외관공사에 비용을 많이 들이면서 한정된 예산으로 마무리하려다 보니, 내부공사에는 비용을 아낄 수밖에 없었다는 말을 듣게 됩니다. 또는 당선안이 제시한 수준을 따라가다 보니 초기에 제시되었던 예산을 훨씬 넘는 공사비가 들어갔다는 이야기도 종종 듣습니다. 물론 현상설계에 공사비 예산이 조건으로 제시되지만 계획설계 단계에서 공사비에 맞추어 설계하는 것도 그걸 심사할 때 제시된 예산으로 공사를 마무리할 수 있는 건축물인지 확인하는 것도 거의 불가능한 일입니다. 그것은 심사를 공정하게 하는 것과는 전혀 다른 문제입니다.

일일이 사례를 들 수는 없지만 좋은 집이 되기 위한 조건을 고려할 때 우선순위가 건물의 외형 디자인에 치중하는 현상설계라는 것이 저는 참으로 이해할 수 없는 제도라는 생각이 듭니다. 게다가 현상설계에서 당선된 안이 실시설계를 진행하는 과정에서 여러 가지 이유로 현상설계의 원형을 유지하지 못하게 되었다고 괴로워하는 건축사를 볼 때도 이 방식에 문제가 있다는 생각을 해봅니다. 설계경기를 통해 좋은 안을 뽑는다는 취지 자체는 좋은 의도이지만 그 이후에 유연하게 현실의 문제를 대처하지 못한다는 점에서는 아쉬움이 있는 제도입니다. 공사 예산의 문제, 저작권의 문제가 현상설계 결과를 융통성 있게 조절할 수 없게 하면서 뒤늦게 발견되는 요구와 기능에 대처하지 못하는 경우가 발생하는 것입니다.

디자인에서 초기의 생각은 매우 중요합니다. 하지만 건축물을 짓는 것처럼 복잡한 상황이 엮이는 상황에서 끝까지 유지할 수 있는 초기 디자인이라는 것은 거의 불가능하다는 것이 저의 생각입니다. 인간의 사고는 그렇게 완벽한 것이 아니거든요. 한두 달의 주어진 시간에 몇백억 공사를 차질 없이 진행할 수 있는 완벽한 계획설계를 한다는 것은 인간의 능력을 벗어난 일이 아닐까요? 저는 사무실 안의 책상 배치를 정하는 데에도 몇 달을 이리 옮겼다가 저리 옮겼다가 하였습니다.

하물며 규모 있는 공공기관의 설계를 몇 장의 계획안을 결과물로 단정하여 선정하는 방식이 과연 좋은 결과를 만들 수 있는 방법인지는 상당히 의심스럽습니다.

아이러니하게도 초기에 제출한 안의 수정을 자유롭게 할 수 없다는 점의 불편함은 현상설계에서 당선된 설계자에게도 마찬가지입니다. 현상설계에서는 설계자도 제시한 안으로 당선되었으니 진행하는 과정에서 계획이 잘못되었음을 알게 되어도 선뜻 스스로의 디자인을 바꾸자고 할 수도 없습니다. 진행하는 과정에서 설계를 바꿀 수 있다고 한다면 같이 참여했다가 떨어진 설계자들은 얼마나 화가 나겠어요. 실력으로 승부한다는 점에서 매우 합리적인 방식처럼 보이는 현상설계가 현실적으로는 융통성 없는 불합리한 구조를 가지고 있는 것도 사실입니다.

제가 계약 전 흔히 '가설계'라고 불리기도 하는 계획설계를 하지 않는 이유는 위의 상황과 무관하지 않습니다. 설계계약을 하지 않고 소위 가설계를 해달라고 요청하는 경우에는 의뢰인 역시 무리하게 설계조건을 요구하지 않더군요. 이곳저곳에서 계획안을 받아보고 싶다고 생각하는 대부분의 의뢰인들은 자신이 원하는 집에 대한 생각을 가는 곳마다 자세하게 설명하지 못합니다. 그러다 보니 간략하게 방이 몇 개이고 화장실과 드레스룸이 있었으면 좋겠고 주방은 넓게 해달라는 정도로 가설계를 해달라고 요구하게 됩니다. 하지만 그 정도의 요구를 바탕으로 점쟁이처럼 나머지의 생활패턴은 상상해서 그려본 계획 설계도면은 사실 아무런 의미가 없습니다. 그렇게 해서 작성된 도면은 외형은 멋있게 디자인해서 보여줄 수 있을지 모르지만 평면 구성에서는 분명히 의뢰인의 생활을 담아내지 못했을 것이기 때문입니다. 그나마 계획안이 담고 있는 내용을 도면을 보고 이해할 수 있는 정도의 독해력을 의뢰인이 갖고 있을 것이라고 기대하기도 어렵습니다. 이러한 상황에서의 계획설계라는 것이 어떤 의미가 있을까요?

평면이 적절하지 않다는 것은 그것을 토대로 만들어진 형태 역시 의미 없다는 뜻입니다. 그런 식의 설계가 의미가 없다면 단지 계약을 성사시키기 위한 목적만으로 열심히 작업할 수는 없다는 게 저의 생각입니다. 계획설계를 마치 현상설계를 하듯 멋있는 안을 보여드려서 의뢰인을 현혹하는 방식으로 하는 것은 좋은 집을 설계하는 방식으로는 매우 부적절합니다. 물론 건축사의 디자인 능력을 확인하는 정도의 기여는 하리라고 봅니다. 하지만 기본적으로 의미 있는 계획이 되려면 최소한 한 달 정도의 기간을 두고 건축사와 의뢰인 간 5회 이상의 미팅이나 의견 교환이 이루어져야 그나마 겨우 본격적인 설계를 위한 기초적인 방향설정이 가능할 것입니다. 한 달 동안 5회 이상의 미팅을 하면서 가설계를 해달라고 한다면 설계를 제대로 한다는 차원에서는 옳은 얘기지만 그런 작업을 무료로 진행하기는 어렵겠지요? 그렇습니다. 그건 실제로 설계자의 시간과 에너지를 투자해야 하는 것으로 건축사에게는 매우 핵심적이고 중요한 업무입니다.

그러면 계획설계를 하지 않은 상태에서 무엇을 근거로 어떻게 설계계약을 할 수 있을까요? 사실은 건축사들도 이 물음에 대한 답을 하기가 어려워서 계획설계를 먼저 해주는 경우도 있는 것으로 알고 있습니다. 왜냐하면 본 설계를 해보기 전에 설계비를 객관적으로 정할 수 있는 기준이라는 것은 건축물의 구조와 용도 그리고 면적이 전부이기 때문입니다. 실제의 설계비라는 것은 디자인의 집중도의 수준과 요구사항의 복잡성들도 고려는 해야겠지만 그것은 설계를 진행해 보기 전에는 판단하기 어려워서 상황에 따라 매우 변수가 많은 부분이지요. 때문에 계획을 해보기 전에는 건축사도 설계비를 어느 정도로 책정해야 할지 판단하기 어렵기 마련입니다.

저는 참 이 부분이 흥미롭다는 생각을 종종 합니다. 건축사가 생산하고 판매하는 것은 종이 몇 장이라는 분량이 아닌 디자인의 질을 판매하는 것입니다. 그런데 설계비를 결정하고 계약해야 하는 것은 디자인 과정과 결과를 알 수 없는 초기 단계에 이루어져야 한다는 것입니다. 게다가 건축사사무소마다 책정하는 설계비가 다릅니다. 디자인을 의뢰하는 입장에서는 디자인 결과가 어느 수준의 것인지 알 수 없는 상태에서 계약해야 한다는 것이 모순된다고 생각할 수 있는 것입니다.

자본주의사회에서 이렇게 불합리한 소비를 강요받는 경우는 거의 없을 것입니다. 저 역시 건축사가 아니었다면 '정말 이것들이 사기꾼이지. 내게 뭘 해줄 수 있는지 보여주지도 않고 계약을 하래. 그것도 일이백만 원도 아닌 거금인데 말이야'라고 생각할 것입니다. 정말 당연한 일이지요. 하지만 맨 처음 건축계획에 대해 상담할 때 먼저 설계비를 물어봐 주실 것을 권합니다. 우리의 정서가 아직도 돈 얘기를 처음부터 하는 것이 매우 결례되는 것으로 생각해서 조금 마음의 부담이 없는 것은 아닙니다. 그래도 처음에 설계비에 대해서 이해하고 계약조건에 먼저 합의하고 계획을 진행하는 것이 서로에게 좋은 일입니다.

[배치계획]

그러면 계획설계의 진행과정에 대해 생각을 해보도록 하겠습니다. 제가 계획설계의 과정을 정리해야겠다고 생각한 것은 저 혼자 설계를 진행하는 것이 아니라 같이 진행해야 하기 때문입니다. 혼자 하는 놀이가 아니라 두세 명이 같이 하는 놀이에는 반드시 규칙이 필요합니다. 계획설계 역시 의뢰인과 건축사가 같이 진행하기 위해서는 일정한 규정이 필요합니다. 물론 일반적인 건축설계 프로세스 방법과 관련이 없지는 않지만 실무에서는 복잡한 프로세스를 최대한 과정을 단순화하여 진행합니다.

계획설계의 맨 처음 단계는 배치계획입니다. 배치계획의 결과는 매우 단순할 수 있지만 마치 바둑에서 첫 번째의 바둑알을 어디에 놓느냐에 따라 전체의 흐름이 달라지는 것처럼 매우 중요한 일입니다. 건물의 배치에는 의뢰인이 이미 알고 있는 주변 현황에 대한 정보와 의지가 매우 중요하게 작용합니다. 마당을 어느 쪽에 둘 것인지 중요한 조망을 어느 쪽으로 생각하는지에 따라서 대지에서 건물이 놓일 자리가 다르게 판단됩니다. 초기 디자인에서 건축사는 대지의 주변 현황이나 건축주 개인적인 상황을 정확히 파악하기 어려워서 배치계획에서 기본적인 사항을 체크 못 할 수도 있습니다. 때문에 초기 배치계획 단계에서 의뢰인은 건물의 위치에 영향을 줄 수 있는 정보를 최대한 제공하고 스스로의 생각을 정리할 필요가 있습니다.

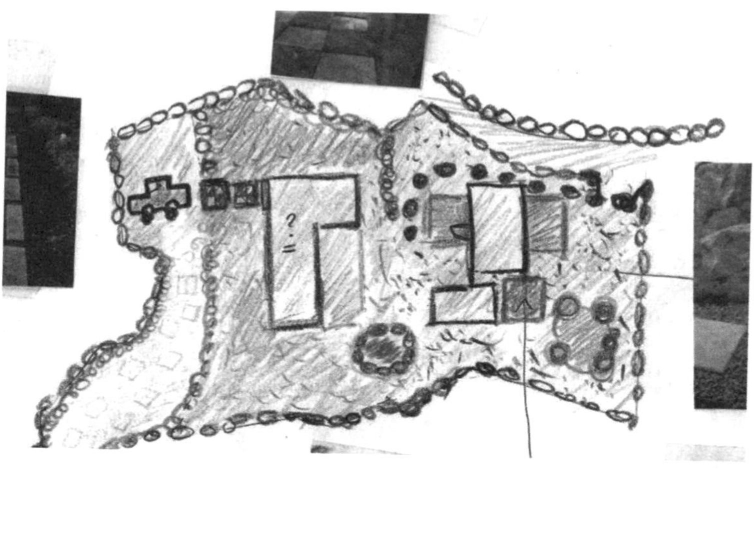

배치에 영향을 줄 수 있는 정보엔 어떤 것이 있을까요? 예를 들어보자면 첫 번째는 대지로의 주출입구와 부출입구와 같은 출입과 관련된 내용입니다. 그리고 두 번째는 외부 공간, 즉 마당과 텃밭 그리고 놀이터와 주차장, 조경과 관련된 생각과 계획입니다. 세 번째는 건물에서 바라보는 조망과 일조와 바람의 방향과 관련한 정보가 있을 것입니다. 이 외에도 건물의 용도와 성격 그리고 의뢰인의 취향에 따라서 건물의 배치에 영향을 줄 수 있는 인자들이 있을 것입니다. 이러한 요인에 대해서 건축사에게 최대한 정보를 제공하고 스스로 바라는 바를 말하고 서로의 생각을 주고받을 필요가 있습니다.

대지의 어느 위치에 건물을 놓는 것이 좋을까를 결정하기 위한 시간은 그리 길지는 않습니다. 하지만 그 시간은 계획의 어느 단계보다 중요한 결정을 하는 순간입니다. 설계가 한참 진행돼 후에 배치가 잘못되었다고 판단된다면 그동안의 설계과정을 전부 다 포기하여야 할 수도 있습니다.

간혹 건축상담을 하러 오시는 분들 중에 아직 어디에 지을 것인지를 정하지 못했다거나 혹은 무슨 이유에서인지 건축예정지의 지번을 알려주지 않고 원하는 집의 크기나 재료, 공간구성에 대해서만 이것저것 물어보는 경우가 있습니다. 이런 경우는 자신의 환부를 드러내지 않고 의료상식만 상담하려는 환자와 같다고 할 수 있습니다. 만약에 건축상담을 통하여 짧은 시간에 가장 의미 있는 정보를 얻으려고 한다면 거실, 주방, 침실과 같은 구체적인 공간에 대하여 대화하기보다는 배치에 대한 것만을 이야기하는 것이 가장 의미 있다고 할 만큼 건축계획의 핵심이라고 할 수 있습니다.

[공간구성]

배치에 대한 윤곽을 잡고 나면 그다음으로 고민해야 할 부분은 평면계획입니다. 평면을 계획한다는 것은 공간을 구성한다는 의미입니다. 때문에 처음에는 평면을 그리면서 고민할 것이 아니라 필요한 공간의 크기를 정리해볼 필요가 있습니다. 집은 방과 거실 그리고 욕실과 같은 단위 공간을 조합한 결합체입니다. 이러한 단위 공간의 크기를 먼저 체크하기 시작합니다. 그것을 스페이스프로그램이라고 합니다. 아무리 보기 좋은 공간이어도 필요 이상 크게 만들어서 비용이 과다하게 발생된다면 안 되겠지요. 때문에 처음에는 공간에 대한 어떤 환상을 고려하지 말고 필요한 단위 공간의 최소한의 크기를 체크해 보는 것이 좋습니다. 이때에는 통로와 홀과 같은 여유 공간을 고려하기 어렵기 때문에 실제 건물의 크기는 그러한 공간을 얼마나 여유 있게 만드는지에 따라서 집의 규모가 더 커질 수 있다는 점을 감안하여야 합니다.

실명	면적(가로×세로)	용도	비고
현관	1.6 * 3.0		신발장, 깔끔한 이미지
거실	3.6 * 4.5		천정이 높았으면 좋겠다
주방	3.3 * 3		거실에서 보이지 않도록
합계			

▲ 스페이스 프로그램 작성의 예. 필요한 실제의 면적을 가늠하기 위해서는 개별로 그려가면서 고민할 필요가 있다. 수치는 가능하면 중심선 치수로 생각하되, 그러지 못할 때는 안목으로 생각했음을 건축사에게 알려주어야 한다.

위의 표는 임의로 공간구성에 대한 생각을 정리한 사례를 들어본 것입니다. 이처럼 필요한 공간의 크기를 가늠할 때에는 넓이가 몇 평이면 좋겠다고 면적으로 고려하는 방식보다는 가로 몇 미터에 세로 몇 미터였으면 좋겠다는 식의 생각이 좋습니다. 면적이라는 것은 그 필요한 폭과 깊이에 의해서 결정되는 것이니까요. 가로와 세로를 가정하면서 면적을 정리하는 것이 설계 진행과정에서는 달라진다고 하더라도 소요면적을 가늠하는 데에는 조금 더 정확하고 가능한 면적을 예측할 수 있습니다. 꼭 필요한 최소한의 공간을 체크하였다면 이들을 조합하는 과정에서 복도나 계단 같은 공간들이 덧붙으면서 실제의 공간은 더 커지게 됩니다. 공간을 세부적으로 디자인하다 보면 초기의 스페이스프로그램보다 넓어지는 경우가 흔히 있습니다. 소요공간을 체크하였다면 이러한 내용을 건축사에게 전달하고 평면적으로 공간을 조합하여 제시할 것을 요청하는 것도 좋습니다. 하지만 공간을 조합하여 그려보는 것이 본인에게는 익숙하지 않아서 어려움이 있다면 공간구성의 세부적인 계획에서는 건축사와 같이 진행하는 것도 좋을 것입니다.

평면계획은 건축사와 의뢰인이 거의 같은 비중을 가지고 논의하는 것이 바람직합니다. 사실 대개의 건축사는 이때 평면과 함께 예측되는 입면을 조금씩 고민하기 시작합니다. 하지만 평면계획의 단계에서 건축사가 의뢰인과 입면을 논의하는 것은 바람직하지 않습니다. 평면계획단계에서 의뢰인과 입면에 대해서 논의하는 것은 생각의 혼란을 가져오기 쉽기 때문입니다. 평면계획을 하는 단계에서는 오로지 공간의 구성과 동선만을 중심으로 협의하는 것이 좋습니다. 여기서 의뢰인은 자신의 특수한 상황이 반영되도록 고민하고 요청하여야 하고 건축사는 보편적인 기준에서 벗어나지 않도록 공간구성에 접근하게 됩니다. 평면구성에서는 의뢰인의 독특한 생각을 반영하는 것도 중요하고 일반적으로 적용될 수 있는 보편적인 해법을 이해하고 접근하도록 하는 것도 중요합니다.

예를 들어 의뢰인이 안방과 거실에서 같이 화장실을 쓰도록 해서 공간을 줄이고 싶다고 할 때 건축사는 그것이 실제로 공간을 줄일 수 있는 방법이 되는지 혹은 사용함에 불편함이 있는 생각은 아닌지를 생각하고 설명해 주어야 합니다. 많이 듣는 요청 중 하나는 화장실을 계획할 때 욕조를 두면 화장실이 커지니까 샤워공간만 있으면 된다고 하는 것입니다. 그런데 실제로는 욕조를 설치하는 공간보다 샤워를 편안히 하기 위한 공간이 더 넓어야 합니다. 그 외에도 복도와 계단 같은 공간을 계획할 때 의뢰인이 예측하는 공간과 건축사가 제시하는 공간의 크기가 매우 다른 경우가 많습니다. 공간구성을 논의하는 과정에서 이러한 차이를 하나씩 이해하고 받아들일 필요가 있습니다.

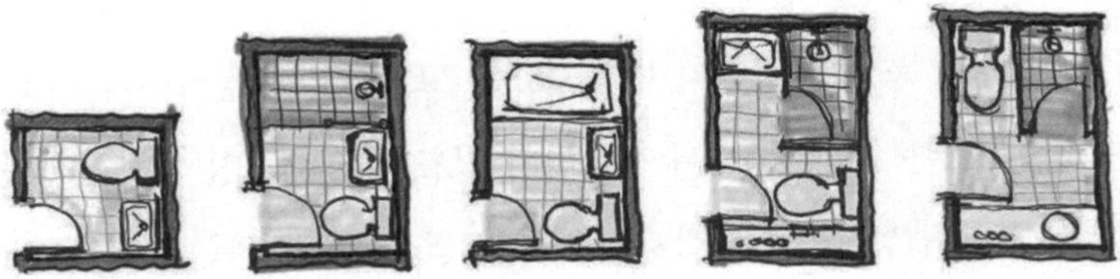

앞에서 말한 것처럼 건축사가 도면을 그리는 것은 생각을 수치화하는 과정입니다. 건축사는 건물의 모든 부분을 숫자로 표현하게 됩니다. 숫자로 표현할 수 없을 것 같은 자유곡선도 그것을 정확하게 의도된 대로 만들게 하려면 결국 수치화 과정이 있어야 합니다. 아주 피곤한 일이지요. 그런 피곤한 일까지 의뢰인이 익혀나갈 필요는 없을 것입니다. 하지만 자유곡선의 디자인이 멋있다고 하여도 그런 디자인을 도면화 하는 데에는 시간이 더 걸리며 도면으로 그리기가 어려운 형태는 또한 제작비용도 마찬가지로 많이 든다는 점 정도는 이해하여야 합니다.

의뢰인은 종종 생각하는 평면을 직접 도면을 그려서 찾아오기도 하고 드물지만 모형까지 만들어 오는 경우도 있었습니다. 하지만 대부분 건축사와 설계를 진행하는 과정에서 혼자서 그려본 그러한 도면이 자신이 원하는 집으로 적합하지 않다는 것을 깨닫는 경우가 많았습니다. 그것은 건축을 전공하지 않은 의뢰인에게는 당연한 일입니다. 게다가 자신이 가진 생각을 도면으로 그리거나 모형을 만들어보면 풍부하게 가지고 있던 공간에 대한 꿈들이 오히려 사라지는 것을 느끼게 됩니다. 그러한 경험은 건축사인 저 역시도 수없이 경험하는 과정입니다.

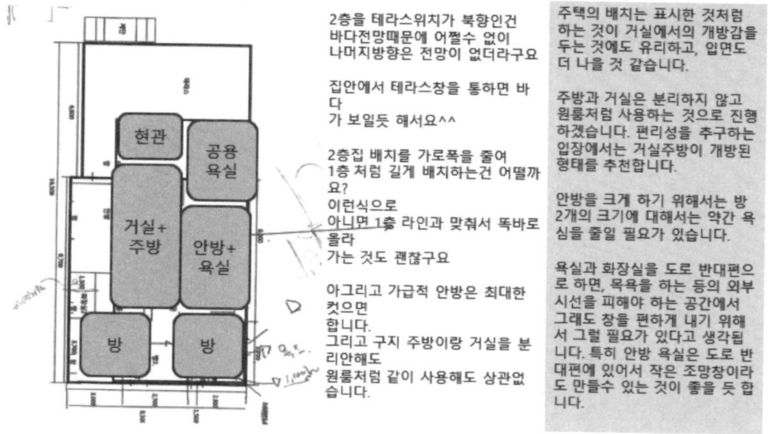

▲ 의뢰인이 그려온 평면을 바탕으로 새로운 공간구성을 그려서 의견을 주고받는 과정. 이러한 과정이 반복되면서 자신의 원하는 공간의 형태를 찾아가게 된다.

꿈을 구체화하는 과정은 좀 재미없을 수도 있습니다. 구체화한다는 것은 현실적인 문제를 끈질기게 고민하고 성취 가능한 방향으로 진전하는 것이라고 할 수 있습니다. 특히 자신이 꿈꾸었던 공간을 얻기 위해서 공사비 같은 현실적인 문제로 포기하는 경우에는 건축사로서도 안타깝게 느끼는 경우가 적지 않았습니다. 구체적인 공간으로 꿈을 그려나가는 과정은 반드시 건축사의 경험과 같이하는 것이 좋습니다. 공간적인 꿈을 현실의 문제와 만나도록 해서 꿈을 이룰 수 있는 효율적인 길을 모색하거나 혹은 그 꿈의 일부 혹은 전부를 포기하도록 권유하는 것도 건축사의 중요한 업무라고 할 수 있습니다.

[창호계획]

공간구성이 어느 정도 완성되면 창호계획을 합니다. 처음 건축계획을 접하는 사람들은 창문을 계획할 때, 외관에 맞추어서 어떻게 하면 예쁘게 보일 수 있는지 고민합니다. 집의 형태를 인지하는 데 창문의 역할을 매우 중요하게 생각합니다. 하지만 창문을 설치하는 근본적인 이유는 집을 예뻐 보이게 하려는 것이 아니라 실내공간의 채광과 조망 그리고 환기를 위한 것입니다. 환기가 필요한 곳에는 반드시 잘 열리는 창을 설치해야 하고 채광이 필요한 곳에는 작고 예쁜 창이 아니라 널찍하고 시원한 창을 설치해야 합니다. 조망 효과를 극대화하기 위해서는 열리는 창틀이 없는 고정창을 하는 경우도 있고, 환기를 잘 하기 위해서는 창틀 전체를 열어젖힐 수 있는 접이식 도어를 설치하기도 합니다.

그래서 저는 입면계획을 하기 전에 미리 적절하게 기능과 용도에 맞도록 창호계획을 하도록 논의합니다. 입면계획을 하기 전에 창호계획을 먼저 진행하는 것은 실은 창호가 입면에 영향을 많이 준다는 것을 알기 때문이기도 합니다. 때문에 입면계획 시에 창호의 형태를 선택하다 보면 실제로 기능적이고 합리적인 창호의 역할을 고려하는 것이 아니라 외관에 어울리는 창문을 고집하는 실수를 하기가 쉽습니다. 공간구성을 먼저 논의하고 다음으로 창호에 대해 논의하는 이유는 건물의 입면을 구상하기 전에 그 입면에 영향을 줄 수 있는 요인이 무엇이 있는지를 먼저 확인하기 위한 것입니다. 문제의 조건을 먼저 정리하는 과정이라고 할 수 있습니다.

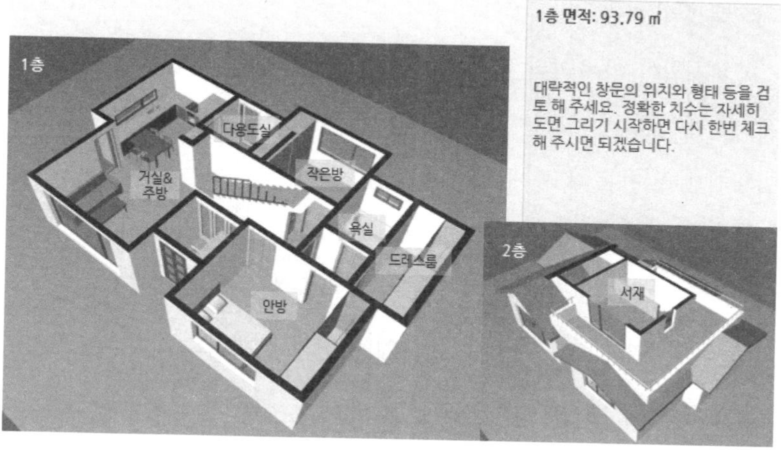

▲ 창호계획을 하는 과정. 창호의 계획은 외관을 위주로 보는 것이 아니라, 실내에서 필요한 환기와 채광 그리고 조망을 검토해야 한다. 외관에서 보이는 창호의 형태는 그 다음 단계에서 검토된다.

창호의 형태에 대해 논의하는 과정에서도 의뢰인과 건축사는 특수해와 보편해를 가지고 대화하게 됩니다. 예를 들어 의뢰인이 북쪽 바다를 시원하게 조망하고 싶다고 주장할 때 건축사는 북쪽 창이 크면 단열에 불리하다는 점과 북쪽 바다에서 불어오는 바람의 영향이 어떤지에 대해서 이야기해 주어야 합니다. 이러한 경우에 바다를 조망할 수 있는 큰 창을 두는 대신에 북서풍이 부는 방향으로는 적극적인 차양을 디자인할 필요가 있다는 조건을 제시하게 됩니다. 정답이 될 수는 없지만 예상되는 문제를 해결할 수 있는 차선책을 조율해가는 과정이라고 할 수 있습니다. 이렇게 두 사람이 가진 생각을 조율하고 후회 없는 선택을 하는 것은 아주 중요하고도 쉽지 않은 일입니다.

[형태계획]

창호계획이 마무리된 후에는 입면과 외장 재료의 계획으로 대화를 시작하게 됩니다. 그러기 위해서 평면구성과 창호계획에 의한 벽면을 입체적으로 만들어서 세워봅니다. 건축사에 따라서는 이때 개략적인 형태를 이해할 수 있는 스터디 모형을 만들기도 하고 스케치를 하거나 컴퓨터그래픽을 이용하여 건물의 윤곽을 만들어보기도 합니다. 그러면서 이제까지 고민하였던 공간이 어떻게 구체적으로 만들어질 수 있는지를 상상하게 됩니다.

이때에도 창호계획이 적합한지 다시 검토하기도 하지만 애초에 기능에 맞추어서 검토한 바가 있기 때문에 창호의 기능에 부합되는 범위에서 다시 확인하는 차원이라고 할 수 있습니다. 형태계획단계로 들어가기 전에 창호계획을 의도적으로 미리 검토하는 것은 외관을 중시해서 창호를 결정하지 않도록 하기 위함도 있습니다. 생각하는데도 순서가 필요하다는 말은 특히 창호를 판단할 때 더욱 그러합니다. 창호를 선택함에 있어서 먼저 채광과 환기, 조망과 같은 창호의 역할에 대해 먼저 판단하고 외관에서 느껴지는 창호의 형태적인 측면은 그다음에 고려하는 것이 바람직하다고 여기기 때문입니다.

형태를 계획할 때 명확하게 순서를 정하기는 어렵지만 처음에는 재료를 입히지 않은 상태에서 매스를 먼저 검토하는 것이 좋습니다. 볼륨감을 먼저 보고 전체적인 균형을 판단한다든지 매스의 구성을 판단한다든지 하면서 기존의 평면계획을 바탕으로 만들 수 있는 건물의 윤곽을 먼저 체크해 봅니다.

건축물의 형태를 계획하는 과정은 사물을 스케치하는 것과 비슷합니다. 처음에는 윤곽을 먼저 그리고 서서히 세부적인 질감을 그리는 것처럼 윤곽을 정리하고 나면 세부적인 질감에 대해 판단하게 됩니다. 그것을 외관을 구성하는 재료의 계획이라고 할 수 있습니다. 재료의 계획에서는 지붕의 형태를 포함하여 건물의 외관 디자인을 진행합니다. 디자인을 전개하는 과정에서는 기능에 피해를 주지 않는 범위 내에서 가림벽을 설치하거나 윤곽을 만들어주는 골조 프레임을 만들어 볼 수도 있습니다. 이렇게 해서 외관의 계획까지 합의에 이르면 비로소 건축물의 계획설계를 마무리하였다고 할 수 있습니다.

아마 건축사와 설계를 진행해 본 경험이 있다면 평면설계에서 형태계획으로 진행되는 동안 점차 건축사의 판단에 의존하는 의존도가 높아지고 있다는 점을 알 수 있습니다. 반대로 건축사는 평면설계 단계에서는 의뢰인의 판단에 의존하여 공간구성을 정리하는 반면에 형태계획으로 진행될수록 의뢰인의 판단보다는 건축사의 전문적인 역량으로 의뢰인의 생각을 유도하고 정리하게 됩니다.

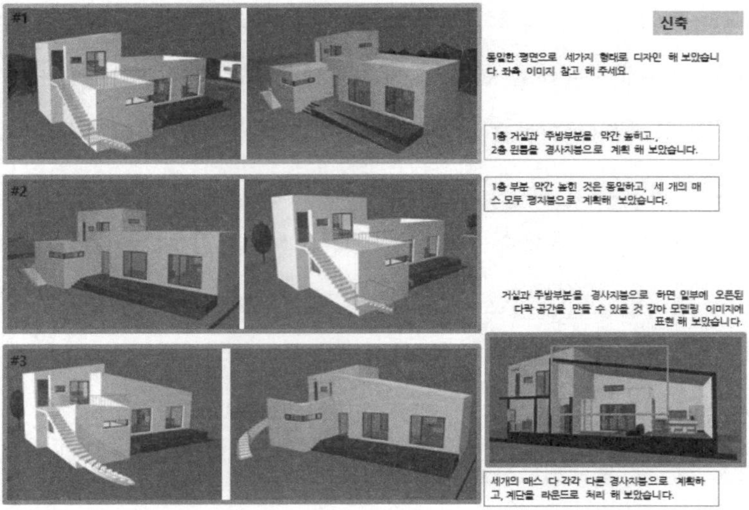

▲ 실내의 조건에 맞는 창호가 검토된 이후에 입면을 검토하면서 지붕의 형태, 건물의 재료, 추가되어야 할 디자인 요소 등을 체크한다.

건축이라는 게 누구를 위해서 있는 것일까요? 이 질문을 의뢰인이 건축사에게 던졌다면 그것은 그 살림집이라는 것이 결국 의뢰인을 위해서 짓는 것 아니겠냐는 답변을 기대하는 질문일 것입니다. 하지만 이 질문을 건축사에게 던졌다면 조금 다른 대답을 들을 수도 있습니다. 건축이라는 것은 의뢰인 개인만을 위해서 존재하는 것이 아니라 함께 살아가는 사회를 위한 도시적인 차원에서 고려되어야 하는 것이라고 할 것입니다. 때문에 의뢰인의 집에 대한 관심은 자신의 삶에 어울리는 집이라는 생각에 집중되어있다면, 건축사의 집에 대한 관심은 사회적 관계망 속에서 합리적인 존재 이유를 갖는 집이라고 할 수 있습니다. 이 두 가지의 생각이 잘 만족되는 게 결국 좋은 집의 조건일지도 모릅니다. 그리고 그러한 삶을 위한 집이라는 것은 내부적인 요인인 평면적인 공간구성에서 더욱 잘 드러나고, 사회적인 존재 이유를 드러내는 집이라는 것은 외부적인 요인에서 잘 드러나게 됩니다.

건축사와 의뢰인이 같이하는 설계과정의 핵심이라는 것은 이 두 가지의 가치가 충돌하지 않고 적정히 안배되도록 조율하는 것이라고 할 수 있습니다. 이 점을 이해한다면 어느 경우에 자신의 판단을 양보하고 상대의 의견에 귀를 기울여야 하는지를 알 수 있습니다.

[피드백]

대략의 기본적인 건축계획 과정에 대해서 설명하였습니다. 건축계획의 과정이 중요한 것은 단순한 절차의 문제가 아니라 복잡하게 얽혀있는 건축물의 구상을 위한 사고를 단계적으로 함으로써 합리적으로 풀어가기 위한 것입니다. 이는 다르게 말한다면 설계의 순서가 아니라 생각의 순서라고도 할 수 있습니다. 지금 설명하는 방식은 실제 이론적으로 요구되는 세세한 과정이 아니라 지금 건축사사무소에서 건축사와 함께 건축계획에 참여할 때 요구되는 가장 기본적인 내용을 단순화하여 말씀드리는 것입니다. 이렇게 계획설계의 과정을 이해한다면 건축사에게 가설계를 한번 해달라고 하는 요청이 얼마나 무리한 요구인지를 이해할 수 있을 것입니다.

예를 들어 단순하게 방 세 개에 화장실 두 개가 있는 30평 살림집의 가설계를 요청하였다고 해도 그것은 건축사에게 너무나 많은 상상과 가정을 전제로 디자인을 해달라는 것이며 또한 아무리 그럴듯하게 설계해본들 그 집은 결코 의뢰인이 원하는 집이 될 수 없는 것입니다. 하다못해 주방 옆에 붙어있는 다용도실 하나를 계획하려고 하여도 지금 가지고 있는 가전제품만을 고려할지 앞으로 구입할 가능성이 있는 제품까지 고려해야 할지 고민해야 합니다. 다용도실에 넣을 수 있는 물품의 종류 또한 매우 다양해지고 있어서 사람에 따라서 그 필요성의 이유에 대해서 다양한 생각을 한다는 것을 건축사는 알고 있습니다.

이렇게 해서 건축계획의 과정을 마무리하였다고 해도 계획의 결과가 반드시 마음에 흡족하리라는 보장을 하지는 못합니다. 막상 계획이 거의 마무리되었다고 생각되는 시점에 최종적으로 체크하다 보면 다시금 배치나 평면 혹은 재료에 대한 판단을 바꾸고 싶다는 생각을 하는 경우도 있습니다. 이렇게 이미 결정한 과정을 번복하고 다시 수행하는 것을 피드백(feedback)이라고 말합니다. 피드백이 요구되는 이유는 사람의 마음이 그리 견고한 것이 아니기 때문입니다. 오죽하면 아침에 일어날 때마다 생각이 바뀐다고 하겠습니까. 계획설계를 마무리했으니까 도면작업을 시작해도 좋다고 했는데도 계획을 변경하고 싶은 유혹은 늘 일어나게 됩니다. 지나온 과정에서의 판단에 후회가 없다면 더욱 좋겠지만 후회되는 내용이 있어서 재계획이 요구된다면 이러한 피드백은 계획안을 도면화 하기 바로 전에 이루어지는 것이 좋습니다.

계획의 순서를 따라 대화와 토론을 하는 것은 매우 중요한 일입니다. 창호계획을 하는 단계에서 평면계획이 잘못됐다고 하거나 배치가 잘못됐다고 한다면 다시 돌아가 계획과정의 순서를 다시 밟아야 합니다. 때문에 각 단계에서는 서두르지 말고 그 단계에서 해야 할 고민에 집중하는 것이 중요합니다. 이러한 피드백의 과정 또한 계획할 때 매우 중요합니다. 하지만 단계별 고민에 집중하면 피드백을 해야 하는 수고를 최소화할 수 있습니다. 피드백 없이 계획을 마무리할 수 있는 경우도 거의 없지만 지나치게 빈번한 피드백은 각 단계별 사고에 집중하지 않았다는 증거입니다.

간혹 피드백의 과정을 진지하게 고민하지 않고 쉽게 요구하는 경우들을 만나게 됩니다. 예를 들어서 입면을 체크하는 단계에서 정면의 창문의 모습이 더 컸으면 좋겠다고 하면서 그것을 위해서 화장실의 위치를 바꾸자고 한다면 이는 매우 황당한 요구라고 할 수 있습니다.

입면을 고민하는 단계에서는 평면의 구성을 흔들지 않는 범위에서 고민하는 것이 중요하고, 평면을 고민하는 단계에서는 배치의 구성을 흔들지 않는 범위에서 고민하는 것이 중요합니다. 고민의 단계를 중요하게 생각하지 않는 경우에는 공사를 하면서도 그런 식의 변경을 시도하는 것을 보게 됩니다. 계획하는 과정에서 순서대로 생각하는 습관을 고치지 않으면 공사하는 과정에서는 불필요한 비용을 발생시키는 고통을 감내해야 합니다. 빈번한 피드백은 업무량을 늘리는 일이기도 하지만 설계과정의 순서를 진지하게 거치지 않았다는 증거이기도 합니다.

아주 뛰어난 천재적 능력을 가진 건축사라면 배치와 평면과 입단면의 계획을 동시에 처리할 수도 있습니다. 하지만 실제로는 자기 사무실을 개업해서 10년 이상 건축계획을 해온 건축사에게도 그것은 쉽지 않은 일입니다. 그리고 그런 능력이 있다고 하여도 천재적인 영감에 의존하는 것보다 하나씩 설계 순서에 따라 문제를 풀어나가는 경우에 분명히 스스로에게도 만족스러운 결과물을 만들 수 있습니다. 하물며 자기 집을 짓고자 하는 꿈에 부풀어있는 의뢰인이 의욕만 앞서서 건축계획을 스스로 마무리해 보겠다고 시도한다면 그것은 매우 큰 교훈적 비용을 발생시킬 뿐입니다.

건축계획의 과정은 예술가가 머릿속에 들어온 영감을 가지고 음악과 그림으로 표현하는 그런 방식과는 상당히 거리가 있습니다. 공간을 계획하고 그것을 형태화하는 과정은 상당히 논리적인 사고를 요구합니다. 게다가 설계를 처음 접해 보는 의뢰인이 스스로 자기 집의 설계에 참여하고 싶다면 건축사가 정해놓은 사고의 규칙과 안내를 따라 생각마저도 순서대로 하는 것이 중요합니다.

제게는 집을 설계하는 주체가 누구인지 그리고 그것은 누구의 작품인지 그리고 누구의 소유인지가 중요한 것이 아니라 좋은 집을 구상하는 방법이 어떤 과정을 통해서 진행되어야 하는지가 중요한 문제입니다. 조립해서 완성해야 할 장난감이 복잡할수록 부속을 순서대로 배열하고 천천히 하나씩 맞추어나가는 것이 가장 효율적인 방법입니다. 급하다고 매뉴얼을 살피지 않고 눈에 보이는 대로 조립을 시작하면 결국에는 부속들이 제자리를 찾지 못하고 완성은 요원해지는 것입니다.

05 건축의 기본 규정들

의뢰인이 건축계획에 참여하기 위해서는 기본적으로 이해해야 할 건축규정들이 있습니다. 기본적으로 건축사는 설계를 의뢰받아서 건축물을 구상하는 일을 하기에 건축과 관련한 규정들을 일일이 가르쳐 주기에는 한계가 있습니다. 때문에 의뢰인의 대지에 해당하는 특이사항에 대해서는 알려주어야 하지만 건축규정의 전반적인 내용을 일일이 설명하지는 못합니다. 하지만 의뢰인도 만약에 건축사가 설계하는 자신의 집 계획에 참여하고자 한다면 알고 있어야 하는 기본적인 규정과 용어들이 있습니다.

[길]

어떤 땅이든 집을 짓기 위해서는 반드시 도로에 접해야 합니다. 도로에 접하지 않은 땅을 맹지라고 하는데 맹지에는 건축을 할 수 없습니다. 땅이 도로에 접해야 하는 이유는 도로를 통해서만 그 땅으로 출입이 가능하다고 인정하기 때문입니다. 간혹 차량이나 사람이 다니는 길인데 토지이용계획확인원을 통해 보면 도로가 아니라고 나오는 경우가 있습니다. 이런 경우에는 도로로 인정받을 수 있는 길인지를 반드시 허가관청과 협의해야 합니다.

도로에 접해 있다고 해서 건축행위가 무조건 가능한 것은 아닙니다. 도로에 접해 있어도 차량출입이 어려운 경우에는 건축규모에 제한을 받습니다. 차량출입이 가능해도 도로 폭이 정해진 규정보다 좁다면 건축규모를 제한받을 수 있습니다. 이러한 세부적인 사항은 건축사하고 미리 상의하는 것이 좋습니다.

도로의 기능은 기본적으로 차량과 사람의 이동을 위한 것이지만 추가적으로 도시의 기반시설이 도로를 통해서 이루어집니다. 만약에 접해 있는 도로에 하수관로가 없다면 매우 많은 비용을 들여서 하수

관을 직접 설치해야 하는 경우도 있습니다. 도로를 통해서 전기 인입과 상수도 공급이 가능한 상황인지, 더불어 하수배출이 가능한 상황인지를 확인해야 합니다. 이 역시 상수도 공급이나 하수배출이 가능하지 않은 상황이라고 한다면 건축이 제한될 수 있습니다.

도시에서만 생활하다가 시골에 가서 살아보려고 하는 사람 중에는 이런 상·하수의 기반시설의 필요성을 잘 모르고 땅을 샀다가 낭패를 보기도 합니다. 마치 늘 마시던 공기가 소중한지 모르다가 막상 없으면 생존 자체에 위협을 받는 것처럼 말이지요. 사소한 것처럼 보이는 기반시설의 가능 여부는 집을 짓는데 아주 기본적인 요건이어서 새로 신축을 위한 땅을 구입할 때에는 반드시 해당 관공서를 찾아가서 확인해야 할 사항입니다.

[건축물의 용도]

모든 건물은 건축허가 시 건축물의 용도를 미리 지정하게 되어있으며 지역에 따라서는 용도제한을 받을 수 있습니다. 자기가 활용하려는 용도가 건축법상 가능한지를 먼저 확인하여야 합니다. 도시지역에서는 용도제한으로 인해 건축하기 어려운 경우가 많지는 않으나 그래도 미리 확인하는 것이 좋습니다. 특히 토지이용계획확인원에 '보존'이라는 용어와 '문화재'라는 용어가 들어있는 경우에는 무심히 보아 넘기지 말고 원하는 용도로 활용 가능한지 확인하여야 합니다.

살림집은 건축법으로는 단독주택과 공동주택으로 크게 분류합니다. 공동주택에는 아파트와 연립주택, 다세대 주택이 있으며, 단독주택은 1가구가 전유하는 단독주택과 2가구 이상이 함께 거주하는 다가구주택으로 구분합니다. 다가구주택과 다세대 주택은 건축법상의 기본 요건은 비슷하지만, 임대를 목적으로 하는 것은 다가구주택이며 분양을 목적으로 하는 것은 다세대 주택이라고 할 수 있습니다. 건축물의 용도에 따라서 주차대수의 산정, 오수량의 산정, 대지안의 공지규정, 각종 세금의 부과 등 모든 규정이 달라질 수 있으므로 자기가 짓고 활용하려는 건축이 애초에 어떤 용도로 쓰일지를 정하는 것은 구체적인 계획을 진행하기 전에 미리 결정되어야 합니다.

[건폐율과 용적율]

건축법에서 건축물의 규모를 제한하는 가장 기본적인 규정은 건폐율과 용적율 규정입니다. 건폐율은 대지에서 일정 규모 이상의 공지를 확보하기 위한 규정으로 하늘에서 대지를 투영하여 보았을 때 건물이 대지에 자리하는 면적을 제한하는 것입니다. 이렇게 하늘에서 내려다보았을 때 땅에 투영된 건물의 면적을 건축면적이라고 합니다. 만약에 대지의 면적이 100㎡고, 건폐율이 60%라고 한다면 하늘에서 내려다보았을 때 건축면적은 60㎡의 범위 안에 있어야 한다는 것입니다.

용적률은 지상에서 건물이 차지하는 부피를 제한하기 위한 것입니다. 건폐율이 지면에 대한 개발을 규제하려는 것이라면 용적률은 공중을 건물로 채우는 비율을 제한하려는 것이라고 할 수 있습니다. 용적률을 제한하기 위해서 지상에 지을 수 있는 건물 총바닥면적의 합계를 대지의 비율로 정해놓고 있습니다. 예를 들어 100㎡의 대지에 용적률 제한이 200%라고 한다면 그곳에 짓는 건물의 지상층 바닥면적의 합은 200㎡ 미만이 되어야 한다는 의미입니다.

지하층 면적을 포함하지 않는 것은 용적률 제한의 의미가 지상 위의 공간을 차지하는 부피를 제한하려는 것이므로 눈에 보이지 않는 지하의 면적은 제외하는 것입니다. 이 외에도 여러 가지 이유로 바닥면적 산정에서 제외되는 공간이 있습니다. 건축법에서 규제하는 기준은 대부분 바닥면적을 기준으로 적용하는 경우가 많습니다. 그래서 어떤 경우에는 바닥면적으로 산정하고 어떤 경우에는 면적에서 제외하는지를 이해하는 것은 설계과정에서 중요한 판단 기준이기도 합니다.

주차장의 경우에는 필로티 구조로 하면 바닥면적에서 제외됩니다. 하지만 필로티 구조가 아니어서 바닥면적에 넣게 되더라도 용적률 산정 시에는 면적에서 공제받게 됩니다. 물탱크실의 경우에는 옥상이나 지하에 있는 경우에는 면적에서 제외되지만 1층에 설치하면 바닥면적에 포함됩니다. 이러한 특수한 경우들을 일일이 의뢰인이 기억하고 따질 수는 없을 것입니다. 실무의 과정에서 간혹 면적과 관련한 법규의 해석과 적용에 있어서 건축사와 허가관청과의 견해가 달라서 애를 먹기도 합니다. 하물며 의뢰인이 그러한 규정을 정확하게 이해한다는 것은 쉽지는 않은 일입니다. 면적 적용과 관련한 그러한 법규적인 부분에 대한 해석은 건축사와 의논하면서 풀어나가는 것이 좋습니다.

[발코니와 다락]

바닥면적을 적용함에 있어 가장 까다로운 공간이라 할 수 있는 것은 발코니와 다락입니다. 발코니와 다락은 기본적으로 바닥면적에서는 제외되는 공간입니다. 하지만 면적에서 공제해 주는 공간은 대신에 그 공간을 인정받기 위한 조건들이 있습니다.

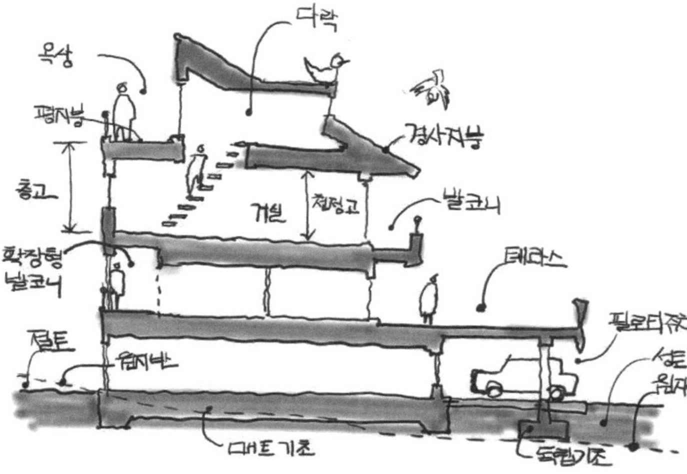

발코니는 건물에 돌출되어 만들어진 처마 같은 구조의 공간입니다. 처마가 비 가림을 목적으로 만들어진다면 발코니는 그 위에서 빨래도 널고 휴게도 할 수 있는 공간이어서 사람이 떨어지지 않도록 난간을 설치해야 합니다. 그렇다고 발코니는 무조건 면적에서 공제되는 것이 아니라 발코니가 접한 외벽길이의 1.5배까지만 면적에서 공제할 수 있습니다.

다락의 경우는 최상층의 지붕 속 공간을 이용하여 수납 등의 공간으로 사용하는 것으로 거실과 같은 생활공간이 아니라는 점에서 바닥면적에서 공제해 주고 있습니다. 다만 다락의 경우에도 조건이 있는데 다락 공간의 가중평균 층고가 1.8m 미만이 되어야 한다는 것입니다. 경사진 다락 공간의 가중평균 높이를 구하기 위해서는 다락의 용적을 계산하여 다락 바닥면적으로 나누는 방법을 이용합니다.

이러한 내용이 발코니와 다락에 적용되는 기본적인 법 규정입니다. 하지만 실무에서 발코니와 다락을 인정받기 위해서는 매우 다양한 사례에 대해서 고민해야 합니다. 발코니의 경우 외부 난간의 위치에 창문을 설치하여 실내공간으로 이용하는 것이 일반화되면서 확장형발코니라는 이름으로 발코니를 실내공간으로 사용하는 것을 인정하게 되었습니다. 하지만 이 과정에서 면적에서 공제되는 발코니 공간과 바닥면적에 산입해야 하는 실내공간과의 구별이 명확하지 않아 적용하는 과정에서 건축사와 허가관청 간의 이견들이 발생하게 되었습니다.

다락의 경우에도 면적에서 공제하여준 지붕 속 공간을 별도의 계단을 만들어서 임대를 주는 사례들이 생겨나면서 다락으로는 직통 계단이 연결되면 안 된다든지 옥상 등과 같은 외부로 직접 출입하게 하면 안 된다든지 하는 규정을 허가관청마다 만들어서 적용하고 있습니다. 때문에 구체적인 계획에 착수하기 전에 발코니와 다락에 관련한 규정을 어떻게 적용하고 있는지를 허가관청과 사전에 협의할 필요도 있습니다.

[계획의 기본]

집을 짓기 위한 법규와 조례 같은 규정을 확인하는 것도 매우 중요하지만 단지 집을 짓기 위한 규정을 이해하였다고 해서 좋은 집을 계획하기 위한 준비가 되었다고 할 수는 없습니다. 오히려 지켜야만 하는 명확한 규정은 아니지만 실수를 줄이고 잘못된 계획을 하지 않기 위해서는 경험을 통한 기본적인 원칙을 참고하는 자세가 필요합니다.

공간을 구성하는 기본적인 원칙을 정하는 것은 한편으로는 매우 위험한 발상일 수 있습니다. 예를 들어서 동선을 짧게 계획하는 것이 좋다는 원칙을 세웠어도 결과적으로는 길게 만들어진 복도가 집안의 분위기를 위해서 상당히 좋은 역할을 하기도 합니다. 공간계획이라는 것은 수학과 같은 논리로만 이루어지는 것이 아니라 다양한 감각이 요구되는 작업이기도 합니다. 그러한 것을 감안한 상태에서 그래도 일반적으로는 이러한 점을 주의하고 실수하지 않도록 하는 것이 좋겠다는 점을 일러보겠습니다. 다시 한 번 강조하지만, 계획의 기본적인 원칙이라는 것은 반드시 그래야 한다는 의미가 아니라 일반적인 의미에서 권장할 수 있는 수준의 것일 뿐이라는 점을 말씀드립니다. 즉 더 중요한 이유가 있다면 얼마든지 다른 방향으로 계획을 잡을 수도 있다는 것입니다.

첫 번째, 효율적인 공간계획의 원칙은 출입문의 위치를 서로 가까이 두는 것입니다. 출입문의 위치를 가까이 둔다는 것은 동선의 길이를 짧게 하는 효과가 있으며, 그만큼 특정목적으로 사용할 수 있는 공간이 많아집니다. 거실을 대각선 방향으로 걸어가도록 동선이 계획되어

있다면 같은 면적의 거실이라도 그만큼 안정감이 떨어지게 됩니다. 각 공간의 입구를 가까이 두는 것이 적은 면적 안에서 많은 유효공간을 만드는 방법입니다.

두 번째, 공사비를 절감하기 위해서는 벽체의 길이 총합이 짧도록 계획하는 것이 좋습니다. 벽체의 길이를 짧게 한다는 것은 가급적 요철이 적은 외형을 만든다는 의미이기도 하며, 가급적 불필요하게 공간을 쪼개서 사용하지 않는다는 의미이기도 합니다. 건물의 요철이 심하거나 구획된 공간이 많을수록 같은 면적에서도 더 많은 공사비를 요구하게 됩니다.

세 번째, 공간의 크기를 고려할 때는 반드시 벽두께와 마감으로 인해서 줄어드는 치수를 고려하여 계획해야 합니다. 종종 자신이 사용하는 실내를 재어보고는 그 크기로 공간을 그려서 제시하는 경우가 있습니다. 건축에서 공간의 계획은 항상 벽체의 중심선으로 하기 때문에 필요한 공간의 크기를 계획할 때는 30cm 정도 크기를 더 크게 고려해야 합니다. 실제로 이는 적지 않은 수치이기 때문에 이러한 벽 두께를 고려하지 않은 계획을 하였을 경우에는 모든 공간을 재구성해야 합니다.

네 번째, 일단은 주위에서 흔히 이루어지는 공사방법에 대해서 긍정적인 고려를 할 필요가 있습니다. 자기 집을 특별하게 짓고 싶은 사람들은 주변에서 흔히 볼 수 있는 집의 형태나 공사방법에 대해서 터부

시하는 경향이 있습니다. 하지만 주위에서 흔히 볼 수 있는 공사방법이야말로 수많은 시행착오를 거쳐 가장 효율적이라고 여겨지는 방식이 선택된 것이라고 할 수 있습니다. 물론 가장 좋은 방법이라는 의미는 아니지만, 그래도 가장 효율적인 방식이라고 할 수는 있습니다. 때문에 일단은 주위에서 흔히 볼 수 있는 공사방법을 무시할 것이 아니라 왜 그러한 방법들이 많이 애용되었는지를 이해하는 것이 필요합니다. 인터넷에서 볼 수 있었던 매력적인 공사방법보다 주위에서 흔히 볼 수 있는 공사방법이 훨씬 더 가성비가 높은 방법이라는 점에는 아마 대부분 건설업자나 건축사들이 동의할 것입니다.

특별하거나 독창적인 시공 방법은 항상 더 많은 비용을 요구하기도 하고 예측 못 한 하자를 불러일으키기도 합니다. 최근에 한창 인기 있는 낡은 집을 개보수해서 커피숍을 만들고자 하는 경우에도 그 생각의 시작과 바탕에는 비용절감이 있는 경우가 많습니다. 하지만 막상 개보수하고 나면 새로 짓는 것보다 비용이 더 많이 들어갔다는 이야기를 너무도 자주 듣습니다. 이유를 들여다보면 기존 낡은 건물의 성능을 개선하고 보기 좋게 하기 위한 과정이 신축에서보다 훨씬 손길이 많이 가는 경우가 있다는 것을 간과한 것입니다.

다섯 번째, 기술적인 부분에 있어서는 일반인들의 조언을 듣기보다는 반드시 건축사를 비롯한 전문가의 조언을 들어야 한다는 점입니다. 집을 튼튼하게 지어야 한다며 철근을 더 많이 넣어달라고 하는 등의 막연한 요청은 불필요한 비용을 증가시킬 뿐 집을 튼튼하게 만드는 데 아무런 도움이 되지 않기도 합니다. 그런 요청을 하는 이유

를 들어보면 먼저 지어본 사람이 자기 집의 배근을 보고 철근이 적어 보인다고 했다는 것입니다. 이런 식으로 주위의 조언을 구하는 것은 그리 도움이 되지 않습니다. 특히 인터넷과 같은 개방된 장소에서 조언을 구하는 것은 아무리 그럴듯해도 자기에게 처한 상황에 적합한 조언이 되기 어렵습니다.

06 시공을 위한 준비

계획설계가 정리되면 건축허가를 받기 위한 도면을 작성하게 됩니다. 그 과정에서는 디자인과 관련한 일보다는 전기, 설비, 구조계산 등 주로 기술적인 내용들을 정리하는 작업이 이루어집니다. 물론 건축규정과 관련하여 잘못 체크된 부분이 없는지를 행정기관과 협의하는 것도 허가도면을 작성하는 업무 기간에 이루어집니다. 이렇게 해서 건축허가가 나면 대개 집을 지을 수 있는 설계업무가 다 끝난 것으로 생각하기 쉽습니다. 하지만 실제 공사를 맡아서 진행해 줄 시공자를 선정하기 위해서는 허가도면만으로는 내용이 부족하기 마련입니다. 허가가 난 후에는 건축물의 실내재료들이 어떻게 지정되어있는지를 건축사와 함께 의논하고 확인하는 작업을 하는 게 좋습니다.

앞에서 언급한 것처럼 건축도면에서는 도배지의 색상이나 타일의 종류 등이 정확하게 명기되지 않습니다. 게다가 실제로 설치되어야 하는 위생기기나 주방가구 같은 제품도 역시 명확하게 명시되지 않습니다. 실제 시공자가 견적을 내기 위해서는 이러한 제품들로 어떤 제품을 사용하기를 원하는지 그리고 어느 범위까지 시공자가 공사하여 주기를 원하는 것인지를 정하여야 합니다. 이러한 공사범위와 공사내용에 대한 명확한 구분이 없으면 견적을 내는 시공자가 서로 다른 생각을 가지고 견적을 내게 되기 때문에 시공사가 제시하는 비용이 어느 정도의 공사내용을 담고 있는 것인지를 확신하기 어려울 수 있습니다.

시공자로 하여금 견적에 혼선이 없게 하려면, 견적을 요구하기 전에 이러한 세부적인 내용들을 결정하고 그 내용으로 견적을 내도록 요구해야 합니다. 물론 어느 범위까지를 공사범위로 할 것인지에 대한 판단은 제각기 다를 수 있고 명확히 어떻게 하는 것이 좋다고 말하기 어려운 부분이 있습니다. 때문에 이 과정에서도 가급적 건축사와 의논하고 도면에 명기해야 할 내용이 있다면 견적용 도면을 마련하기 전에 미리 도면을 수정하는 것이 좋습니다. 특히 인테리어 설계가 포함되지 않은 대부분의 건축설계도면에서는 실내공사에 대해서 기본적으로 추가 정리해야 할 내용들이 상당 부분 있을 수 있습니다. 그런 내용에 대해서 공사에 포함되어야 할 부분을 정리하고 시공자로 하여금 어느 부분까지 견적에 포함할 것인지를 정리하는 시간을 갖는 것이 필요합니다.

의뢰인은 시공예정자들로부터 예상 공사비 견적을 받은 다음에는 각 시공사와 면담을 해보고 공사계약을 진행하게 됩니다. 이 과정에서도 시공자와 논의하여 수정할 내용이 있다면 건축사에게 그 부분을 정정하게 하여 최종적인 공사계약용 도면으로 제출받게 됩니다. 공사용 도면은 현장에서 사용할 원본 1부와 건축주의 보관용 1부, 시공자의 보관용 1부로 최소한 3부를 작성합니다.

도면은 컴퓨터로 작성해서 출력하는 것이기 때문에 좀 많이 만들어 달라고 하는 경우가 있습니다. 하지만 이렇게 계약 시에 출력하는 3부의 도면은 초기 계약을 위한 원본에 해당하기 때문에 여러 부를 출력하고 준비하는 것은 오히려 혼란을 줄 수도 있습니다. 특히 일단 공사가 시작되면 도면을 재출력하는 일은 가급적 하지 않는 것이 좋으며, 단순히 부수가 부족한 경우에는 복사하여 사본을 만들어서 사용하여야 합니다.

건축 허가도면은 법적 구속에 대해 확인받은 도면입니다. 그래서 현장에서의 변경은 법적인 구속에 대한 협의 과정을 거친 후에 승인을 받아가면서 진행해야 합니다. 가급적 현장에서의 수정을 손으로 할 것을 권하는 이유는 이러한 초기의 허가내용이 공사가 끝날 때까지 확인되어야 하기 때문입니다. 손으로 수정한 것은 눈에 띄기 때문에 중간에 무엇을 변경하였는지 그 사항을 확인하는 것이 용이하지만, 컴퓨터로 급하게 수정하다 보면 어느 게 원래 계획인지를 확인하기 어려워집니다. 초기 계약 시의 원본도면을 보관하는 것은 계약서를 보관하는 것만큼이나 중요합니다. 그것을 분실해서 다시 건축사사무소에 도면을 확인해 달라고 하는 경우가 있습니다. 하지만 그사이에 혹 수정사항이나 변경사항이 발생하였다면 최초의 원본도면이 무엇인지 확인하기 어려울 수도 있습니다.

예를 들어서 한참 골조공사를 진행하고 있는데 방의 크기가 작아서 좀 늘려달라는 경우가 있습니다. 당장에 철근배근을 해야 하는 현장 상황이 염려돼서 급한 대로 구조사무실과 의논하여 변경된 배근 도면과 건축평면도를 수정해서 현장으로 수정된 도면을 주는 경우가 있습니다. 개인 시공업자가 경험이 많다면 그 이후에 벌어질 일에 대해서 미리 체크하고 나머지 도면에도 변경내용과 연관된 표시를 하겠지만 현실적으로 그러지 못하는 경우가 허다합니다. 이런 경우에 당장에는 건축평면과 구조평면을 수정하는 것으로 일은 진행되겠지만 실제로 도면이 마무리되기 위해서는 입면도와 단면도 그리고 창호도 등 연관된 도면이 같이 수정돼야 합니다. 만약에 평면 수정과정에서 창호의 변경이 생긴 줄 모르고 이전 창호도를 근거로 창호 발주를 하였다가는 쓸 수 없는 창호가 현장에 반입되는 상황이 벌어지는 거지요. 컴퓨터로 새롭게 출력한 도면에는 현장에서 메모한 변경사항이 지속적으로 기록되어 유지될 수 없습니다. 때문에 일단 공사가 시작되면 컴퓨터로 도면을 수정하여 새로이 교체한다는 것이 매우 비합리적인 상황이 된다는 것을 이해해야 합니다.

건설회사 시공의 경우, 건설회사에서 도면을 현장에 맞게 그릴 수 있는 능력을 갖추어야 하는 것은 당연합니다. 공사현장에서 벌어지는 상황에 맞추어서 건축사사무소에서 도면을 수정하는 것은 장님 코끼리 만지기와 다르지 않습니다. 다만 직영공사에서 건축주를 대신하여 시공하는 개인 시공업자의 현장인 경우 시공도면을 작성하는 업무까지 요구하는 것은 현실적으로 무리가 있습니다. 이러한 경우에는 도면 위에 색상이 있는 펜으로 매 변경사항을 날짜와 함께 표기하는 것이 좋습니다. 또한 도면과 다른 변경사항이 발생할 때는 사전에 건축사와 협의하여 법규적으로 혹은 기술적으로 문제가 없는지를 확인하고 진행하는 절차가 반드시 필요합니다.

3부

좋은 집

01 지역에 기반한 건축

독일 바우하우스의 교장이었던 발터 그로피우스는 〈국제건축양식〉 이라는 책을 발간했었지요. 아방가르드에서 출발한 근대건축에서 지향하였던 새로운 디자인에는 두 가지 지향점이 있었는데 하나는 역사적 양식의 부정이었고, 다른 하나는 세계 공통의 디자인 언어를 추구하는 것이었습니다. 도릭, 이오닉 같은 고전의 건축양식이 아닌 비례, 질서, 통일과 같은 원리를 가지고 디자인을 설명할 수 있다고 생각하고 그것을 교육하였습니다. 바우하우스가 추구한 디자인은 역사보다는 심리학에 의존하였고 인문적 지식보다는 자연 과학적 지식에 의존하였습니다. 물리학의 법칙처럼 디자인도 과학적인 체계로 설명할 수 있을 것이라고 믿었습니다. 그 생각은 아직도 영향력을 미칠 만큼 디자인 이론의 곳곳에 숨어있습니다.

그래도 근대건축의 시기에서 국제주의 양식에 전적으로 동의하는 것은 아니었다는 조짐들이 있었습니다. 각 지역별로 독자적인 건축양식이 있었고, 그것을 설계할 때 참고해야 한다는 생각은 근대건축의 거장인 르코르뷔지에도 가지고 있었다고 합니다. 케네스 프램프톤은 근대건축 이후의 경향 중 하나로 '비판적 지역주의'라는 제목으로 각 나라마다 독자적인 디자인을 보여주는 건축가들을 소개하였습니다. 프램프톤의 기준이 지역주의 건축을 명료하게 설명한다고 할 수는 없지만 지역주의를 근대건축의 획일적인 디자인에 대한 대안의 하나로 생각하였던 것 같습니다. 물론 그냥 지역주의가 아닌 '비판적 지역주의'라고 한 것은 보수적인 지역건축가의 활동과 구분하려는 의도가 있었을 것입니다.

제가 어떤 근사한 철학을 바탕으로 지역주의라는 제목을 단 것은 아닙니다. 저는 좋은 집을 설계하는 기본적인 태도로 지역이라는 명제를 생각해 보려 합니다. 어쩌면 지역이라는 명제가 적절치 않은 표현일 수도 있습니다. 지역이라는 것은 공간적으로 제한적인 어떤 범위를 갖고 있는 것을 말하는 것으로 보입니다. 사람이 충분히 지각할 수 있는 공간적 범위는 어느 정도일까요? 저는 그 질문에 답할 수 있을 정도의 공간적 범위를 지역이라고 생각합니다. 그런 의미에서 지역이라는 단어를 가장 잘 설명할 수 있는 용어를 저는 고향이라고 생각합니다.

보통 '너의 고향이 어디야?'라고 물을 때 대답하는 공간적 범위가 있습니다. 누군가는 제주도라 할 수도 있을 것이고, 누군가는 세화나 모슬포처럼 좀 더 작은 범위로 말할 수도 있을 것이고, 누군가는 서귀포 중앙초등학교 뒤쪽이 고향이라고 할 수도 있을 것입니다. 아마 같은 질문임에도 외국에서 그런 질문을 받는다면 '내 고향은 대한민

국이야'라고 대답할 수도 있을 것입니다. 그런 대답 속에서 고향이라고 생각하는 공간의 범위가 머릿속에서 정의되고 있습니다. 저는 지역이라는 범위가 이렇게 편안하게 인지할 수 있는 공간의 범위를 기초로 해야 한다고 생각합니다. 물론 그것이 고향이어야 한다는 것은 아닙니다. 사람이 늘 태어난 데에서만 활동하는 것은 아니니까요. 태어난 고향이 아닌 마음의 고향이라고 해야 할까요.

제가 대학을 처음 졸업하고 첫 직장을 다녔던 대도시에서는 그러한 공간 범위가 도시 안에서도 아주 제한되어 살고 있는 작은 동네에 불과했습니다. 대도시 전체의 공간은 아주 거대하지만 편안하게 인지할 수 있는 공간 범위는 매우 작았습니다. 반면에 제주도에서는 제가 어느 곳에 가더라도 가까운 곳에 있는 학교와 마트를 금방 찾을 수 있고 방위를 금방 이해할 수 있고 어른을 만났을 때 어색하지 않고 금세 '삼촌'이라고 부를 수 있습니다. 저는 제주도의 대부분의 공간을 그리 어색해하지 않고 배회할 수 있습니다. 그것을 저는 저의 지역이라고 말할 수 있을 것입니다.

설계할 때 대지를 이해한다는 것은 매우 중요합니다. 어느 방향으로 학교가 있는지 시장은 어디에 있고 며칠에 열리는지 그리고 근처에 교통사고가 잘 나는 곳은 어디인지 동네 민심은 어떠한지를 이해하는 것 모두가 대지를 이해하는 것에 해당합니다. 지리적 공간뿐만 아니라 인문적 공간을 이해하는 것이 대지를 이해하는 과정에 포함됩니다. 거기에 역사적인 문제까지 인지의 범위를 확대해서 이해할 수 있습니다. 4.3 이야기, 몽고에 의한 목마장 이야기, 연초에 행해지는 영등

굿과 신화 이야기 등이 대지를 이해하는 배경이 될 수 있습니다. 좀 거창한 것 같지요? 하지만 대개 이러한 이야기들이 제주 사람들에게는 상식에 해당하는 이야기일 수 있습니다. 상식적인 이야기지만 이런 것을 공부하고 분석해서 지식으로 습득하려면 오히려 쉽지 않습니다. 저는 이러한 것들이 머리로 학습되는 것이 아니라 몸으로 체득되는 것이라고 생각합니다. 대지를 이해하는 것은 책에서 배우고 머리로 분석하는 지식과는 좀 다른 성격을 가지고 있습니다.

지역이라는 것을 이해하는 것이 중요하다고 생각하는 것은 이러한 이해가 건축설계의 바탕이 되어야 한다고 믿기 때문입니다. 그렇다고 해서 마치 신토불이를 주장하듯이 제주도에 건축설계를 할 때는 타 지역의 건축사보다 제주도의 건축사가 더 잘할 수 있다고 주장하는 것은 아닙니다. 제주도에는 타지의 건축사가 설계한 훌륭한 건축물이 많이 있습니다. 하지만 그분들이 제주도에 설계를 할 때는 분명 제주도라는 지역에 대해서 많은 조사와 공부를 할 수밖에 없었을 것입니다. 누가 하든 좋은 집을 디자인하기 위해서는 그 과정에서 그 땅을 이해하기 위한 노력을 게을리해서는 성취하기 어렵습니다.

그럼에도 불구하고 지역이 중요한 것은 대지를 이해한다는 것이 단기간에 노력한다고 쉬 되는 것이 아니기 때문입니다. 저 역시도 제주도가 고향이라지만 제주도에 대해 충분히 이해한다고 자부하지는 못합니다. 하지만 대지와 지역에 대한 이해를 바탕으로 건축설계를 해야 한다는 것은 건축에 대한 저의 소신이기도 하며 많은 건축사들이 공감하는 바일 거라고 생각합니다.

제주도는 타 지역과는 다른 독특한 특성이 있습니다. 기본적으로 섬이라는 것이지요. 그래서 더 지역에 대한 이해가 중요할 수 있습니다. 해안과 중산간의 삶의 방식이 다르고, 동쪽 지역과 서쪽 지역의 삶의 방식이 다릅니다. 그리고 남쪽 지역과 북쪽 지역의 삶의 방식도 다르지요. 삶의 방식만 다른 게 아니라 좁은 섬이지만 기후도 현저히 다릅니다.

아마도 제주도를 타지의 시각에서 볼 때는 한라산이 제주도의 중앙에 있다고 생각할 것입니다. 하지만 제주시에 사는 사람들에게 한라산은 남쪽에 있는 산이고 서귀포에 사는 사람들에게 한라산은 북쪽에 있는 산입니다. 당연한 일이지만 그곳에 사는 사람들에게는 당연하지 않습니다. 장소를 이동하면서 한라산의 방위가 달라지는 것은 매우 당황스러운 경험입니다. 객관적인 사실과 주관적인 인지는 다르기 때문입니다. 태양은 가만히 있고 지구가 자전한다는 것이 객관적이고 과학적인 사실이겠지만 대지는 가만히 있고 아침마다 태양이 동쪽으로 떠오른다는 것이 우리가 인지하는 주관적인 사실이듯이 말이지요.

저는 건축현상을 이해할 때 자본적인 논리를 바탕으로 접근하는 것이 중요하기는 하지만 그게 건축의 방향을 결정하는 근본이 될 수는 없다고 생각합니다. 특히 거주를 위한 집을 디자인할 때에는 더욱이 자본의 논리로 접근하는 것이 옳지 않다고 생각합니다. 집은 집입니다. '누구네 집 요새 괜찮은가?'라고 물을 때의 '집'은 주택을 말하는 것이 아니라 가정이듯 집을 설계한다는 것은 주택이라는 사물이 아닌 엄마, 아빠 그리고 자식들의 삶을 포함하는 이야기가 되어야 합니다. 그것이 나중에 집값이 얼마나 오를까 하는 고민보다 더 중요해야 합니다. 확대하자면 주택은 아니지만 다세대나 아파트 같은 주거건축을 할 때도 숙박시설과 기숙사 같은 이형적인 삶의 형태를 디자인할 때도 자본의 논리 이상으로 삶의 방식에 대해 이해하는 것은 중요합니다.

제가 말하려는 지역주의는 특정 디자인을 지향하는 경향을 말하는 것이 아닙니다. 그래서 가끔 대화가 혼란스러워지기도 합니다. 건축디자인에서 모더니즘, 포스트모더니즘, 해체주의, 미니멀리즘 등의 주장들이 내세우는 바에는 그 지향하는 바를 뒷받침하는 철학적 변명들이 있기는 하지만 형태적으로도 뚜렷한 경향이 있습니다. 하지만 지역주의를 말할 때는 공유하는 어떤 형태적 경향이 아닌 건축을 바라보는 태도를 말하는 것입니다. 그래서 디자인한 결과물로 무엇이라고 구분하기는 어렵습니다.

여기서는 제 생각으로 말할 수밖에 별도리가 없겠네요. 딱히 다른 말로 표현할 길이 없어서 지역주의라는 말을 쓰기는 했는데 나름대로 제가 생각하는 지역에 기반한 건축설계라면 이런 태도를 갖는 경우를 말할 것 같습니다.

첫째, 디자인하는 대상의 공간적 범위가 건축가의 생활범위와 어느 정도 일치하는 경향이 있다.

둘째, 디자인의 결과가 어떻게 될 것인가에 집중하기보다는 디자인 과정을 충실하게 하는 방법에 대해 고민한다.

셋째, 전체를 관망하는 것 못지않게 개인적 삶에 관심을 집중하고 미시적 접근에 익숙하다.

넷째, 의뢰인이 건축디자인에 참여할 기회를 부여하는 데 적극적으로 협조한다.

다섯째, 건축설계를 디자인하고 구상하는 것에만 국한되지 않고 실제로 지어지는 과정에도 관심을 가지고 참여하려 한다.

물론 이는 극히 제 개인적인 주장일 뿐이며 나름대로 제각기의 의견을 사회에 제시하는 풍토는 더 나은 지향점을 찾는 과정이라고 생각합니다. 지역에 기반한 건축사의 설계방식에 특정의 기준이 있는 것은 아니니까 그러한 성향을 가지고 있는 모든 건축사들은 나름대로의 또 다른 기준이 있을 것입니다.

최근에는 지역적인 태도 못지않게 세계화의 경향에 적극적으로 대처해야 한다는 주장도 많이 합니다. 지역주의라고 하면 매우 소극적인 태도로 보이기도 하고 다소 폐쇄적인 사고를 지향하는 것으로 보이기도 합니다. 그래서 케네스 프램프톤도 그냥 지역주의라고 하지 않고 '비판적 지역주의'라고 근대 이후의 경향으로 소개하였습니다.

작은 섬에 불과한 제주도에도 이미 10층 이상의 고층건물이 수없이 지어지고 있는데 과거의 경관이나 지역적 특수성을 강조한 정서에만 의존하는 건축을 주장하는 것은 시대 상황에 맞지 않는다고 할 수도 있습니다. 사실 세계화의 추세에 잘 대응하지 못했던 사례는 우리나라의 전통건축 연구에서 일부 드러났던 문제이기도 합니다. 하지만 전통건축에 대한 끝없는 애착과 관심은 최근의 현대건축 디자인에서 의미 있는 결과물과 성과로 나타나고 있다는 점에 주목해 주었으면 합니다. 전통적인 정서에 기반한 정말 훌륭하고 열심인 건축가들이 많거든요.

전통적인 정서에 기반한 디자인이 전통건축이라고 할 수 없는 것처럼 지역적 정서에 부응하는 건축만을 지역주의라고 할 수는 없지만, 그것은 건축디자인에서 중요한 주제입니다. 그리고 세계화의 경향을 염두에 두어야 한다는 것도 동시에 중요한 과제입니다. 이 문제는 정말 건축디자인을 업으로 하는 전공자들이 모여서 지속적으로 풀어나가야 할 과제인 것 같습니다. 지역주의와 세계화의 경향은 양립할 수 없는 것일까요? 저는 양립할 수 없는 것은 없다고 생각합니다. 하지만 분명히 조심해야 할 지점은 있을 겁니다. 그건 비단 건축에서만의 문제는 아닙니다.

예를 들자면 음식에 있어서의 맛과 영양의 문제와 같은 것입니다. 몸에 좋은 것은 입에 쓰다는 말이 있습니다. 보통 한약을 권유할 때 쓰는 변명이지요. 실제로 몸에 좋은 약들은 이상하게 쓴 것이 많습니다. 그래서 아무리 몸에 좋아도 보약을 밥처럼 즐겨 먹기는 어렵습니다. 반대로 입에 단 과자나 인스턴트식품을 즐겨 먹으면 비만이나 고혈압이 온다고 합니다. 살다 보면 이렇게 좋은 게 좋은 것이 아닌 경우가 많습니다.

대형마트에 가면 무료시식 코너가 있습니다. 공짜니까 얼마나 좋습니까. 대개 신제품이 나오면 무료시식을 하는 이유가 있습니다. 처음에는 입맛을 길들이는 게 매우 중요하거든요. 일단 입맛을 길들이고 나면 비싼 가격을 붙여도 잘 팔리게 됩니다. 가장 성공적인 사례가 커피 아닐까요. 아마 커피를 처음 마셔본 사람들은 이렇게 쓰고 맛이 없는 것을 누가 돈을 내고 먹을까 생각해 보았을 것입니다. 하지만 결국에는 매우 많은 사람이 즐겨 마시는 음료가 되었습니다. 저도 커피를 즐겨 마시는 편인데 일단 입맛을 들이게 되니까 헤어 나오기 힘이 들더군요. 입맛에 길들여진다는 것이 무서운 이유입니다. 그렇게 길들여진 게 몸에 좋은 것이면 다행이지만 담배처럼 한번 길들여진 이후에는 몸에 안 좋은 줄 알면서도 그것을 끊지 못하는 것도 있습니다. 자본주의라는 것에도 마약과 같은 병폐가 있다는 것을 대개는 알지만 그것을 단호하게 끊고 초연해지기는 어렵습니다.

좋은 게 좋은 것이 아니라는 생각 때문에 세계화를 바라볼 때는 그 장점에 현혹되어 받아들이기 전에 우리에게 적절한 것인지를 판단할 수 있는 거름망이 필요하다는 생각이 듭니다. 우리가 무엇을 받아들이고 무엇을 거부할 것인가 하는 기준에서 맛과 영양이라는 양면의 칼날을 잘 살펴야 합니다. 맛을 무시하고 영양만 주장하면 대중화에 실패하여 거부되기가 쉽고 영양을 무시하고 맛만 중시하면 대중화에 성공하기는 쉬워도 건강하지 못한 병폐가 사회에 만연하게 될 것입니다. 우리 사회를 건강하게 만들 수 있는 건축은 어떤 것일까? 저는 아직도 그 답을 모릅니다. 어쩌면 정답이라는 게 없는 막연한 질문일 수도 있습니다. 하지만 때로는 질문을 계속하는 것 자체가 중요할 수 있습니다. 인생이 무엇인지 알 수는 없어도 건강한 삶을 위해서는 그게 무엇인가를 계속 질문하는 시간을 가져야 하는 것과 같습니다. 정확한 답을 찾지 못한다고 하여도 우리 사회를 건강하게 만들 수 있는 건축에 대해서 다 같이 생각할 수 있었으면 좋겠네요.

02 설계방법론으로의 대화

'Less is more'는 위대한 근대건축가인 미스 반 데 로에가 자신의 건축디자인을 설명하기 위해서 했던 말입니다. 가변적인 공간개념으로 유명한 그는 형태뿐 아니라 공간을 구상함에 있어서도 많은 것을 넣으려 하기보다는 함축적인 디자인을 추구하였고 공간을 다양한 기능으로 세분하려 하기보다는 여러 가지 가능성을 하나의 공간에 담으려고 했습니다. 그리고 미스 반 데 로에의 선언은 장식이 하나도 없이 간결한 그의 디자인을 설명하는 아주 적절한 표현으로도 알려져 있습니다.

포스터모던 건축가로 알려진 로버트 벤추리는 미스의 선언에 대응하여 'Less is bore'라는 말을 하였습니다. 미스 반 데 로에 뿐만 아니라 근대건축가들이 추구해 온 장식 없는 모던한 디자인이 재미도 없고 아무런 의미도 없다는 식의 비판을 하는 말이었지요. 자신의 디자인과 철학을 이렇게 하나의 명쾌한 선언으로 설명할 수 있다는 것은 참으로 멋진 일입니다.

하지만 언제부턴가 이런 의문이 들었습니다. 건축이 무엇인지 이렇게 선언적으로 말하는 것이 건축을 설명하는 올바른 태도일까 하는 것이었습니다. 아무리 훌륭한 건축사의 작품도 그게 자신의 집은 아니지요. 그런데 건축사가 일방적으로 이게 좋다 저게 좋다 하고 선언적으로 말하는 것이 이상하지 않나요? 흔히 하는 말로 '내 집 갖고 네가 왜 그래?'라고 의뢰인은 말할 수도 있어요. 그렇습니다. 사람마다 다 취향이 다르듯이 건축사도 의뢰인도 제각기 취향이 다른 사람이지요. 건축사와 의뢰인의 취향이 다르다는 것은 앞으로의 문제를 풀어나갈 가장 큰 난관입니다.

이 난관을 풀어나갈 가장 현실적인 방법은 의뢰인이 자신과 취향이 비슷한 건축사를 찾아가는 일일 것입니다. 반대로 건축사가 자신의

취향과 비슷한 의뢰인을 찾아가는 것은 불가능한 일이니까요. 집안을 고풍스러운 장식으로 꾸미기를 원하는 의뢰인이 미스 반 데 로에와 같이 장식 없는 디자인을 추구하는 건축사를 만나면 자신이 원하는 집을 요구하기가 얼마나 어렵겠어요. 반대로 군더더기 없이 말끔한 디자인을 선호하는 사람이 로버트 벤추리와 같이 장식에 많은 의미를 부여하는 건축사를 찾아가도 힘이 들기는 마찬가지일 것입니다.

그러면 의뢰인은 어떻게 건축사의 특성을 알고 찾아갈 수 있을까요? 그래서 저는 자기가 어떤 디자인을 추구하는지를 공개하는 것은 건축사의 최소한의 의무라고 생각합니다. 건축사의 능력이나 취향도 소비자를 기다리는 하나의 상품이니까요. 건축사를 선택해야 할 의뢰인은 건축사가 어떤 취향을 가지고 있는지 그리고 자기가 원하는 집을 잘 디자인할 수 있을지 알 수 있어야 합니다. 어쩌면 집을 지을 때 의뢰인이 해야 할 일 중에서 가장 중요한 일은 자기 집을 같이 고민하고 구상하여 줄 건축사를 선택하는 일이 아닐까요?

물론 디자인이 훌륭한 건축사를 선택하였다고 해도 모든 문제가 저절로 다 해결되지는 않습니다. 반대로 건축사는 의뢰인의 생각이 좋은 집을 짓는데 적절한 것인지를 판단해야 합니다. 아무리 의뢰인이 정말 좋은 집을 갖고 싶어서 오랫동안 자기 집에 대해 고민하였다고 해도 몇십 년 공간계획 하는 것을 직업으로 해온 건축사처럼 생각을 구체화하는 데 익숙하지는 않습니다.

그것은 단순히 도면을 그리는 기술이 없다는 뜻이 아닙니다. 머릿속에 있는 생각을 구체적인 사물로 그려내기 위해선 단순히 도면을 그리는 기술이 필요한 것이 아니라 생각을 합리적으로 정리하는 과정이 필요합니다. 예를 들어 햇빛이 잘 들고 전망이 좋은 화장실을 갖고 싶다고 했는데 설계하면서 다른 공간을 배치하다 보면 정작 화장실은 외기에조차 면할 수 없는 상황이 되기도 합니다. 그럴 때 어떤 꿈을 포기하고 어떤 꿈을 유지할 것인가를 판단해야 합니다. 건축사는 도면으로 그려가면서 그 꿈을 성취거나 혹은 포기해야만 하는 과정에서 어려운 선택을 할 수 있도록 도와주게 됩니다.

그럼 건축설계를 선언적으로 규정하기 어렵다는 것을 조금은 이해하셨는지요. 물론 디자인에 대한 중요한 가치는 있습니다. 저도 아주 싫어하는 디자인과 해보고 싶은 디자인이 있습니다. 하지만 중요한 것은 좋은 집은 건축사의 취향이나 의뢰인의 판단만으로 이루어질 수 없다는 것입니다. 좋은 집을 디자인하기 위해서 반드시 필요한 것은 건축사의 훌륭한 철학과 일방적인 선언 같은 것이 아니라 의뢰인과 건축사 간의 진솔한 대화입니다.

그런데 선언은 지향하는 바와 답이 있지만 대화는 답을 정해놓지 않는다는 점에서 큰 차이가 있습니다. 과정이 매우 지루하지만 답이 나올 때까지 대화하는 것, 저는 그게 가장 좋은 설계방법이라고 생각합니다. 때로는 장식이 없는 모던한 집이 되기도 하고 때로는 이런저런 장식이 붙은 고전적인 집이 되기도 하지요. 의뢰인과 건축사가 대화하는 과정에서 둘 다 예상치 못했던 결과가 나오기도 합니다. 건축물이 예술작품이라면 이렇게 해서 탄생한 건축물은 누구의 작품일까요. 글쎄요. 누구의 작품이라는 게 중요할까요. 그럼 이런 질문은 해보셨는지요. 정말 내가 살 집이 예술작품이 되는 게 중요한 걸까요. 집이라는 것은 특별한 작가에 의해서 창작되는 예술작품이 아니라 건축주와 의뢰인 사이의 대화 속에서 스스로 태어나는 생명체와 같은 것이라고 생각하면 어떨까요.

저는 건축을 통해서 좋은 작품을 만들기보다는 그냥 좋은 집을 짓고 싶습니다. 좋은 집이 될 수 있다면 남의 생각을 빌리기도 하고 의뢰인의 생각을 엿보기도 하고 과거의 지혜를 탐닉할 수도 있습니다. 예술작업에는 독창성이 필수적이지만 좋은 집을 짓기 위해서 반드시 독창성을 전제조건으로 삼을 필요는 없습니다. 저는 세계의 아름다운 도시들이 비슷한 집들로 가득 차 있는 것을 많이 보았습니다. 독창적인 건축물로 가득해서 혼란스러워져 버린 서울이나 헤이리 같은 도시보다는 비슷한 건물로 채워진 베니스와 로마 같은 도시가 더 아름답고 양동마을이 더 편안했습니다. 그럴 때면 건축에서 독창적이고 뛰어난 작품이라는 것이 좋은 건축의 필수조건은 아니라는 생각마저 듭니다.

그렇다면 의뢰인 역시 훌륭한 건축사를 만나서 설계를 의뢰하였다고 그냥 설계과정을 방치하면 안 되겠지요. 저는 설계를 건축사와 같이해 보시기를 권합니다. 자신이 원하는 집을 정리해서 요구해 보기도 하고 갖고 싶은 집의 이미지도 찾아가면서 건축사와 같이 설계해 보시기 바랍니다. 그리고 건축사와 진지한 대화를 해보시기 바랍니다. 인터넷에서 제공하는 표면적이고 시각적인 건축 이야기에서 멈추지 말고 정말 갖고 싶은 집에 대해 건축사와 대화해 보시기 바랍니다. 건축사도 자신이 추구해야 하고 고민해야 할 조건이 분명할 때 의뢰인이 원하는 좋은 집을 찾아낼 수 있습니다.

건축설계를 한다는 것은 즐거운 일입니다. 건축사라는 직업의 주업무는 집 이면에 있는 행복을 디자인하는 것입니다. 물론 행복이라는 것이 집을 잘 설계하고 또 그런 집을 갖는다고 해서 보장되는 것은 결코 아니지만 안방과 화장실과 마당과 서재를 그릴 때는 그 안에서 이루어질 행복한 가정의 모습을 상상하면서 미소를 짓게 되는 것이 당연하지요.

그런 즐거운 일을 하면서도 가끔은 의뢰인과 건축사의 의견이 충돌하는 경우가 있습니다. 마치 어린아이 둘이서 같이 블록 쌓기 놀이를 하다가 자기가 원하는 대로 쌓지 않는다고 서로 투정부리듯이 말이지요. 그럴 때 어른들은 서로 양보하면 싸울 일이 없을 거라고 말하시지요. 하지만 세상일들이 그렇게 양보가 쉽나요. 설계하는 과정에서의 양보도 그렇게 말처럼 쉬운 게 아닙니다. 의뢰인과 건축사는 설계하는 과정에서 각자 결코 양보할 수 없는 이유를 가지고 있습니다. 그리고 그 이유의 정당성은 너무도 분명하고 확고한 것이어서 그 시시비비를 가리기도 쉽지 않습니다. 이런 갈등이 일상생활에서 흔히 볼 수 있는 것이 아니어서 당사자들도 그 옳고 그름을 판단하기 애매하기도 합니다.

저는 그 대표적인 갈등을 '소유권'과 '저작권'의 갈등이라고 생각해 봅니다. 물론 저는 그 갈등의 법적인 해석이 어떻게 되는지를 따지려고 하는 것은 아닙니다. 이 문제는 법적인 문제라기보다는 사실은 도덕적인 문제에 더 가깝습니다. 이 갈등의 본질에는 건축물의 형태와 공간을 구상하고 디자인한 것은 건축사이므로 이 건축물의 디자인에 대해서는 남이 함부로 손대서는 안 된다는 건축사의 주장과 자기가 원하는 건축물을 디자인해 달라고 적절한 대가를 주고 일을 시킨 것인데, 그 결과물이 마음에 들지 않으니 의뢰인 마음에 들게 고쳐달라고 요구하는 것은 당연한 권리라는 의뢰인의 주장이 있습니다. 두 입장은 제각기 정당성을 가지고 있는 주장이어서 대립상황이 심각한 수준일 때에는 정말 법정으로 가는 경우도 있습니다.

먼저 건축사의 저작권에 관한 입장을 생각해 보겠습니다. 현실적으로 우리나라에서 건축사가 저작권을 주장하며 소송으로까지 이어지는 경우는 별로 없는 것 같습니다. 건축디자인이 건축사의 창작활동에 의한 저작물임에도 불구하고 저작권과 관련한 소송이 거의 없는 것은 건축디자인이 제품디자인처럼 반복해서 같은 디자인을 재생산하고 그 이득을 취하는 경우가 거의 없기 때문일 것입니다. 하지만 건축설계 과정에서 타인의 작품을 참고하는 수준을 넘어서 디자인을 차용하는 행위에 대하여 저작권을 주장하는 경우는 점차 많아질 것으로 생각됩니다.

저작권이라는 것은 창작물의 독창적인 부분이 그 작가의 고유한 무형의 지적소유물이라는 권리를 인정하는 것입니다. 제주도의 모 기업에서도 일본의 구마겐코라는 유명 건축가의 설계도면이 공사하기가 매우 어렵다는 이유로 변경을 요구하였더니, '변경하는 것은 좋지만, 그럴 경우에는 제가 설계한 작품이라는 타이틀을 빼주기 바랍니다'라는 답변을 듣고, 변경하지 않고 그대로 진행했다는 이야기를 들었습니다. 건축사에게는 흐뭇한 미담이겠지요? 하지만 건축사가 열심히 디자인한 것을 의뢰인이 공사하는 중간에 마음대로 바꾸어서 속상했다는 이야기라든가 설계하는 과정에서 의뢰인이 자기 맘에 들지 않는다고 이리저리 바꿔달라고 해서 마지못해 맘에 들지는 않지만 디자인을 바꿀 수밖에 없었다는 푸념을 심심찮게 듣게 됩니다. 의뢰인과 건축사 간의 의견 충돌이 일어날 수 있는 상황이지요. 귓속에서 이런 말이 들리는 듯합니다. '당신이 구마겐코야?'

의뢰인도 설계를 요청할 때 저작권과 관련해서 꼭 주의해야 할 점이 있어요. 아무리 마음에 드는 집이라고 해도, '이 집과 똑같이 설계해 주세요'라는 요청은 위험하다는 것이지요. 이러한 요구는 그 집을 설계한 건축사나 그 집을 모사해서 디자인하는 건축사에게나 심각한 문제를 유발할 수 있는 요청이라는 것입니다. 만약에 정말 그 집의 디자인이 마음에 들었다면 그 집을 설계한 건축사를 찾아가는 것이 바람직할 것입니다.

참고하는 것과 똑같이 베끼는 것은 전혀 다른 행위입니다. 남의 집과 똑같은 집을 짓기를 원하는 경우가 매우 드문 일이어서 크게 문제되는 경우가 없었지만 아주 없는 것도 아닙니다. 사실 그것은 법적인 문제보다도 설계자의 자존심에 상처를 입힐 수 있는 문제라는 점을 생각해야 합니다. 건축사의 창작노력에 대한 배려는 문화적 삶을 중시하는 현대사회에서는 기본적인 소양이 아닐까요.

통상 음악과 미술 같은 예술분야에서는 이 저작권이라는 것이 중요하게 다루어지지만 건축에서는 아직 저작권이라는 것이 사회적으로 크게 문제 되진 않았습니다. 저는 저작권에 대한 법적인 것을 이야기하려는 것이 아니라 창작활동에 대한 의뢰인의 배려와 이해가 있어야 한다는 것을 이야기하는 것입니다.

세상에 비슷하게 생긴 많은 건축물들이 있지만 결코 똑같은 건축물은 없습니다. 마치 사람들이 비슷하게 생겼어도 똑같이 생긴 사람은 없듯이 말이지요. 건축물을 디자인하는 건축사의 작업은 그야말로 머리를 쥐어짜는 산고의 고통을 통해서 이루어지는 일입니다. 이 고통이라는 것이 결국에는 그 디자인에 애착을 가지는 이유가 되며 의뢰인이 디자인을 변경하고자 할 때 의견 충돌이 일어나는 이유라고 생각합니다. 이러한 과정 없이 건축사의 도면이 기계적으로 그린 것에 불과하다면 의뢰인의 요구에도 아무런 미련 없이 디자인을 변경할 수도 있겠지요. 어쩌면 의뢰인과 디자인 때문에 의견 충돌을 자꾸 하는 건축사가 있다면 그건 그만큼 그 건축물이 잘 지어지기를 바라기 때문일 것입니다.

그러면 의뢰인의 입장에서 건축설계를 바라볼까요? 건축사가 자기 디자인을 유지하지 않는다는 푸념을 하거나 혹은 왜 허락 없이 자기 디자인을 바꾸려고 하느냐는 항의가 의뢰인의 입장에서는 참으로 이상할 수 있습니다. 자기가 살 집을 자기 맘에 들도록 설계해 달라는데 건축사가 왜 된다 안 된다 그러면서 속상해하고 따질 일이 무어냐고 생각하게 됩니다. 마트에 물건을 사러 갔는데 내가 맘에 들어서 고른 물건을 마트 사장이 '그건 안 좋으니 이걸 쓰세요'라면서 다른 물건을 사라고 강요한다면 기분이 퍽 상하겠지요. 마치 소비자의 선택권을 침해당한 것 같은 느낌이 들 것입니다.

저도 최근에 의뢰인으로부터 이런 항변을 들었습니다. 의뢰인이 원하는 디자인이 제 맘에 영 내키지 않는다고 하였더니, '이게 잘못돼도 제가 잘못한 거고 손해를 봐도 제가 손해를 보는데 건축사님이 왜 이렇게 하면 안 된다고 합니까?'라면서 화를 내었습니다. 맞는 말이지요. 돈이 들어도 의뢰인의 돈이 들 것이고 불편해도 의뢰인이 불편할 것이고 집이 무너져도 일차적으로는 의뢰인이 피해를 보니까요. 바로 그 점 때문에 건축사는 의뢰인의 요구를 거부하기 어렵습니다. 그리고 그것이 건축사는 좋은 집을 설계해 주는 사람이 아니라 좋은 집을 지을 수 있도록 '도와주는' 사람이라고 하는 이유입니다. 그리고 좋은 집을 갖기 위해서는 의뢰인도 설계에 적극적으로 참여해야 하고 그러기 위해서는 의뢰인도 어느 정도 건축에 대해 관심과 지식을 가져야 한다고 말하는 이유입니다.

반대로 '알아서 다 해주세요'라는 것은 건축사들이 좋아하는 의뢰인의 모습일지 모르지만, 글쎄요. 그렇게 건축사를 완전하게 믿을 수 있을까요? 건축사의 창작 의지와 실력을 존중해 주는 것은 고마운 일이지만 어떤 의뢰인도 결국에는 자신의 맘에 들지 않은 건축물의 디자인을 그대로 수용할 수는 없을 것입니다. 왜냐하면 어차피 그 건축물에서 평생 살아가야 할 사람은 건축사가 아니라 의뢰인 자신이기 때문이지요. 아무리 건축사가 좋은 집을 디자인하려고 애쓰고 있다는 것을 인정한다 해도 결국 그 집에서 살아야 할 것은 자기 자신과 자신들의 가족이기 때문에 의뢰인 역시 자신의 바람을 포기할 수는 없는 것이지요.

건축사의 의지로 디자인한 집의 모습이 의뢰인의 마음에 꼭 들었다면 가장 좋은 상황이겠지만 그런 경우는 거의 없다고 보는 것이 맞을 것입니다. 그것은 실력의 문제가 아니라 의뢰인도 건축사도 다 저마다 추구하는 바가 다르기 때문입니다. 의뢰인은 내가 살 집이니까 내가 원하는 대로 해주기를 바라게 되고, 건축사는 내가 디자인하는 것이니까 내 디자인 의도를 받아주기를 바라게 됩니다. 둘 다 이유 있는 주장이지요. 여기서 건축사는 작가로서의 권리를, 의뢰인은 소유자 혹은 사용자로서의 권리를 주장하는 것입니다.

작가로서의 권리와 사용자로서의 권리 중에 무엇이 더 중요할까요? 건축설계가 건축사와 의뢰인이 다 함께 만족하는 결과물이어야 한다는 것은 실은 매우 상식적인 요청입니다. 건축사는 의뢰인이 평생토록 살 집이라는 것을 잊지 않고 디자인에 반영하도록 애쓰는 것이 필요하고 의뢰인은 건축디자인이 건축사의 전문적인 지식과 철학을 기반으로 만들어진다는 점을 이해해 주어야 합니다. 다시 말해서 건축설계라는 것은 의뢰인과 건축사의 의지를 공유해야 하는 공동작업이라는 것이지요.

그렇게 제각기 권리를 주장할 때 우리가 반드시 법정으로 가서 시시비비를 가려야 하는 것은 아닙니다. 그럴 필요도 거의 없고요. 사실 그런 다툼이 싫어서 어느 한쪽이 자신의 의견과 소신을 굽히는 경우가 많습니다. 건축사끼리의 모임에서 하는 이야기를 들어보면 많은 이들이 의뢰인의 요구에 의해서 자신의 생각을 포기하여야 했던 경우를 말하곤 합니다. 하지만 서로 의견이 상충할 때 서로의 생각을 이해시키지 못하고 상대방의 생각을 포기하도록 하는 것은 결코 좋은 해결책이 아닙니다. 좋은 집을 만드는 과정엔 서로의 좋은 생각을 취해서 더 나은 결론으로 유도해나가는 노력이 필요합니다.

몇 해 전인가 단독주택을 설계할 때였습니다. 외관 협의가 거의 마무리된 상태에서 그에 따른 창호도를 그려서 의뢰인에게 보여줬습니다. 3일 정도 지나서 의뢰인에게서 팩스가 왔습니다. 팩스에는 창문의 크기와 위치를 50㎜ 혹은 100㎜ 정도 높이거나 낮추어 달라고 표시돼 있었습니다. 그때 저는 순간적으로 매우 화가 났습니다. 왜냐하면 창문의 크기를 정할 때 저는 외벽의 돌 나누기 형태와 맞추어보려고 치수를 정한 것이었거든요. 저는 전화를 걸어서 의뢰인에게 이렇게 작은 치수까지 바꾸어가면서 일방적으로 도면을 고쳐달라는 것에 대해 화를 내었습니다. 창문의 크기를 조정하는 수정작업이 귀찮아서가 아니라 그렇게 조절하였을 경우 외벽의 돌 나누기 선들이 창문의 크기와 맞지 않는 것을 해결할 방법이 없어서였습니다. 게다가 고심하여 정한 창호의 크기를 이유를 말하지 않고 변경해 달라고 통보받은 것이 불쾌하기도 하였습니다.

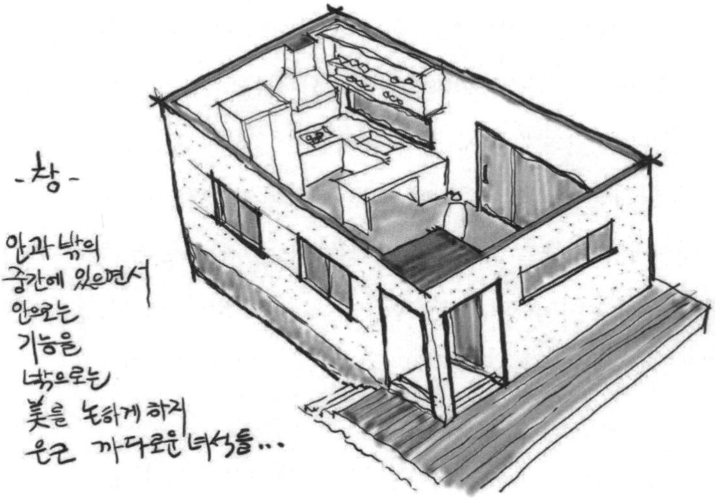

지금 생각하면 참으로 부끄러운 태도였지요. 그때 의뢰인은 지금 사는 집의 창문과 비교하면서 제가 그린 도면의 창문을 따져보니 그렇게 고쳤으면 좋겠다는 생각이 들었답니다. 당연히 건축주는 그게 외관상에 어떤 문제를 야기하는지 확인할 수는 없었겠지요. 저는 문득 화를 내고 있는 제가 참 한심스럽다는 생각을 했습니다. 그래서 사과하고 제가 화낸 이유를 설명드렸습니다. 그러면서 외벽의 돌나누기도의 선과 창문의 윤곽선이 일치하지 않게 되는데 괜찮겠냐고 물었지요. 의뢰인은 자신이 원하는 대로 창문을 조정해 달라면서 외벽 돌 나누기선과 창문이 맞지 않는 것은 감수하겠다고 했습니다. 그러면서 제가 화낸 것에 대해서는 '전문가는 화를 내도 된다'고 말했습니다. 제 의견이 받아들여지진 않았지만 저의 무례한 행동을 전문가의 의견으로 받아준 답변이 참으로 고마웠습니다.

이렇게 건축사와 의뢰인의 의견이 부딪힐 때 어떻게 하는 것이 좋은 태도일까요? 매사 의견이 다를 때마다 싸워서 이겨야 한다면 얼마나 삶이 피곤하겠어요. 요새는 건축디자인에 대한 자신의 생각을 매우 구체적으로 그려오는 의뢰인을 자주 만납니다. 그리고 저 역시도 그런 것을 그려보라고 요청하기도 합니다. 하지만 제가 그런 것을 요청하는 것이 의뢰인이 그리는 대로 도면화 해서 설계하겠다는 뜻은 아닙니다. 의뢰인으로 하여금 원하는 집의 그림이나 생각을 적어달라고 하는 것은 대화를 시작하기 위한 것입니다. 그리고 대화를 위한 첫 단추를 의뢰인의 생각에서 출발하기 위한 것이기도 합니다.

의견이 상충할 때 문제를 해결해나가는 가장 좋은 방법은 '대화'입니다. 제게 있어서 대화는 곧 설계방법이기도 합니다. 건축사만의 생각으로 혹은 의뢰인만의 생각으로 진행된 디자인은 결코 만족스러운 좋은 집이 되기 어렵기 때문입니다. 조금 자기 반성적인 이야기이지만 우리는 대화와 토론을 하는 데에 매우 익숙하지 못합니다. 상대방이 무슨 생각으로 저런 주장을 하는지 조금만 더 들여다보고 입장을 바꿔가면서 생각하고 의견을 제시하는 데에 매우 어색한 듯합니다. 그러는 것만으로도 훨씬 부드럽게 일을 진행할 수 있을 텐데 말이지요. 좋은 집을 만들어보자는 목표지점은 같은데 서로 다투면서 힘들어할 필요는 없겠지요. 설계하는 과정에서 그리고 설계방법론으로 '대화'가 얼마나 중요한지에 대해서 건축사와 의뢰인은 공감할 필요가 있습니다. 마치 한 배에서 노를 나누어 저을 때 혼자 열심히 하는 것보다 옆에서 젓는 속도에 맞추어 노를 젓는 것이 배를 빠르고 정확하게 진행시키는 방법이듯이 말이지요.

건축사와 의뢰인 간의 신뢰와 존중은 좋은 집을 만들기 위한 가장 중요한 조건입니다. 어떤 집을 원하시는가요? 전망이 좋은 집, 따뜻한 분위기의 집, 조용히 독서를 즐길 수 있는 집, 거실에서 하늘이 보이는 집, 공사비가 적은 집, 에너지 소비가 적은 집 등 어떤 점이 고민인가요? 물론 인터넷을 통해 이러한 고민에 대한 해법을 찾을 수 있습니다. 하지만 정보가 너무 많을 때는 또 그것을 현명하게 선택하는 것도 쉬운 일이 아니지요. 건축사는 이러한 선택을 신중하고 현명하게 하도록 도와주는 일을 할 수 있습니다. 인터넷에서 좋은 주택 샘플을 들고 왔을 때 건축사가 그 집이 의뢰인이 원하는 집으로 손색이 없는지 판단해 주고 수긍하는 것도 중요한 역할입니다.

의뢰인들은 건축사를 만나기 전에 주로 인터넷을 통해서 자료를 수집하고는 합니다. 하지만 막상 건축사가 인터넷 자료를 보고는 긍정적으로 답변하는 경우가 매우 드물다는 것을 이해하는 데에 많은 시간이 걸립니다. 뭐든지 물어만 보면 다 가르쳐줄 것 같은 인터넷정보에도 답변을 들을 수 없는 내용들이 많습니다. 저는 집을 지으려는 분들에게 그 점 때문에 인터넷정보에 대한 무한한 신뢰를 접으라고 하고 싶습니다. 이를테면 마치 아이스크림 맛 같은 것은 인터넷정보로 알 수 없습니다. 사진으로 아이스크림의 형태는 알려줄 수 있지만 그 맛을 전해 주는 방법을 인터넷은 모릅니다. 아이스크림을 먹고는 '정말 맛있어요! 입에 살살 녹아요!' 하는 글들이 그 아이스크림 맛을 전해 주지는 않습니다. 먹지 않고는 알 수 없는 아이스크림의 맛을 인터넷으로는 아직 확인할 수 없습니다.

대개의 많은 분들이 인터넷을 통해 얻은 사진 자료가 그 집을 알려주는 모든 정보라고 생각할 수 있지만 사실은 집이라는 것은 매우 복잡해서 사진과 평면으로는 알 수 없는 내용이 매우 많습니다. 마치 아이스크림 맛처럼 말이지요. 집은 결코 사진을 찍기 위한 배경으로 짓는 것이 아닙니다. 대개 인터넷에서 찾을 수 있는 행복하고 아름다울 것 같은 집들의 모습에는 수많은 연출이 있을 것이며 마치 아름다운 신혼처럼 준공 후 1년이 채 안 된 사진을 담았을 가능성이 높습니다. 좋은 것은 너무나 많이 유포되는 반면 부정적인 것은 확인하기 어렵습니다.

게다가 집은 극히 개인적인 삶의 보금자리이며 그것은 누구에게나 적용되는 보편적인 정보로는 얻을 수 없는 것입니다. 물론 보편적으로 만족할 수 있는 평면이나 형태라는 것이 없지는 않습니다. 하지만 모든 사람의 생각이나 취미나 체격이나 가족구성 등이 다 다르듯이 그 사람들에게 어울리는 집이라는 것이 같을 수는 없는 것이지요. 종종 제가 설계했음에도 불구하고 정작 저는 마음에 안 드는데 의뢰인은 매우 만족스러워하는 경우도 있습니다. 저와 의뢰인의 취향

과 추구하는 바가 다른 것이지요. 그런데 막상 그 집을 준공 후에 찾아가 보면 그때야 의뢰인이 원했던 게 무엇이었는지 눈에 들어오기도 합니다. 건축사라고 해서 자기가 그린 모든 공간을 이해하지는 못합니다. 그리고 의뢰인이 가진 개성과 취향을 다 이해하지는 못합니다. 다만 귀를 기울이고 이해해 보려고 매번 노력할 따름입니다.

좋은 집이 갖추어야 할 안락함, 편안함, 즐거움 그런 것들을 인터넷에 떠도는 예쁜 집 사진을 통해서 옮겨 놓을 수 있을까요? 저는 아무리 좋은 요리법을 숙지하였다고 해도 손맛과 입맛이 제각기 다른 이유로 집마다 다른 맛을 추구할 수밖에 없다고 생각합니다. 집을 지어서 내다 팔려고 하는 것이 아니라 본인과 가족이 살 집을 원하신다면 이제 컴퓨터에게 좋은 집을 보여 달라고 요구하지 말고 건축사에게 도움을 청하시기 바랍니다. 그리고 스스로 설계하겠다고 다짐하시기 바랍니다. 의뢰인이 스스로 설계하는 것이 어떤 의미인지 그리고 그것을 건축사가 도와준다는 것이 어떤 의미인지를 생각해 보시기 바랍니다.

03 좋은 집

건축사는 좋은 집을 짓기 위해서 여러 가지 자료도 수집하고 오랜 시간을 들여 집에 대해 구상합니다. 안방은 어디에 있는 것이 좋을까, 화장실은 어떻게 만들까, 거실 천장은 높게 할까 아니면 나지막하게 하는 것이 좋을까. 하지만 그 어떤 형태도 한 가지의 고정된 답으로 설명할 수 있는 것은 아닙니다. 세상에 있는 집들의 모습이 제각기 다른 것은 절대적으로 옳다고 할 수 있는 답이 없기 때문입니다. 설계를 한다는 것은 어떤 답을 찾아가는 것이 아니라 그때마다 적당한 선택을 하는 것에 불과할지도 모릅니다.

그러면 무엇을 기준으로 그런 선택을 하는 걸까요? 어쩌면 우리는 그러한 질문에 인색하여 왔는지도 모릅니다. 집을 짓기 위해서는 당연히 설계를 해야 하고, 설계를 하면서 공간과 재료에 대해 이런 저런 고민을 하는 과정은 당연히 거쳐야 하는 것으로만 여겨왔습니다. 하지만 설계를 진행하기 전에 먼저 '좋은 집'이란 어떤 집을 말하는지 진지한 고민을 해볼 필요가 있습니다.

제 컴퓨터에는 무수하게 많은 좋은 디자인의 집들 사진이 들어있습니다. 하지만 사진 속의 이 집들의 장점만을 뽑아서 설계할 방법은 없습니다. 때로는 많은 비용이 들어가는 단점에도 불구하고 갖고 싶은 특별한 공간에 대한 욕심으로 고비용의 특별한 공간구성을 하는 경우도 있으며, 때로는 화장실을 밝게 하고 싶어 침실에 창문을 제대로 설치하지 못해서 어둡고 칙칙해지는 것을 감수해야 하는 경우도 있습니다. 어느 장점을 선택하고 어느 단점을 수용할 것인가의 선택은 사람마다 다릅니다.

그렇다면 어떤 집을 좋은 집이라고 할 수 있을까요? 좋은 집이라면 최소한 어떤 요건을 갖춰야 할까요? 선택할 수 있는 폭이 다양하고 넓음에도 불구하고 반드시 좋은 집이 되기 위해서 포기해서 안 되는 것이 있다면 무엇일까요? 그것은 우리에게 '집이 왜 필요할까?'라는 근본적인 질문을 던지게 합니다. 저는 가끔 집을 구상하면서 이 질문에 대해 반복해서 물어보게 됩니다. 또 종종 집을 지으려는 의뢰인에게도 자꾸 상기시켜보는 질문이기도 합니다.

예로 '명철이네 집은 참 좋은 집이야'라는 말에는 명철이네 집이 대단히 부럽고 탐나는 집이라는 의미도 있을 수 있지만, 대개 명철이가 사는 집이라는 '건물'을 가리키는 것이 아니라 명철이네 '가정'이 참으로 화목하다는 것을 의미합니다. 우리에게 집이라고 하은 이미 가족을 의미하는 말로 통하기도 합니다.

집을 구상함에 있어 뛰어난 지식보다 중요한 것은 누구나 아는 상식이라고 생각합니다. 좋은 집은 좋은 가정을 의미한다는 이야기는 굳이 첨언하지 않아도 누구나 잘 알고 있는 상식에 불과합니다. 좋은 집을 짓기 위해서 어떤 특별한 이론이나 자료보다도 꼭 가슴에 간직하고 잊지 말아야 할 것이 바로 이 상식이라 할 수 있습니다. 상식이 중요한 것은 그것이 오랜 시간에 걸쳐 이미 진리로 인정되었다는 것을 의미하기 때문입니다. 만약 어떤 의도가 상식에 위배된다면 그것은 어떤 논리로도 정당화하기 어렵다는 것을 의미하기도 합니다. 아무리 멋있고 화려한 집에 산다고 해도 그 집에 사는 가족들이 서로 미워하고 매일같이 다투고 대화하지 않고 지낸다면 그 멋있고 화려한 집이라는 것이 아무런 의미가 없겠지요. 때문에 멋있고 화려한 집보다 더 중요하고 근본적인 것이 화목한 가족관계라는 것이며, 우리가 사용하는 '집'이라는 용어에는 그러한 의미가 이미 들어있습니다.

그러면 지금 당신은 좋은 집에 살고 계신가요? 혹시 아침에 바쁜 출근 시간으로 가족과 식사도 같이 못 하고 먼저 집을 나서지는 않으셨나요? 혹시 아드님은 학원에서 공부하느라고 밤늦게야 귀가해 얼굴도 못 보고 지내지는 않나요? 혹시 은행에서 빌린 돈을 갚느라 맞벌이를 하면서 일주일에 한 번 얼굴을 보고 있지는 않나요? 현대사회에서는 어쩔 수 없이 마주하는 이런 악조건 속에서 어떻게 디자인을 해야 좋은 집을 설계하는 걸까 고민하게 됩니다. 가끔 뉴스에서 성적을 비관해서 자살했다는 청소년이나 보험금을 노리고 가족을 살해했다는 끔찍한 이야기를 들을 때면 좋은 집을 설계한다는 게 불가능한 꿈이 아닌가 하는 절망감에 사로잡히기도 합니다.

건축사가 설계하는 집이라는 것은 가정을 이루는 물리적 환경에 불과합니다. 아마 좋은 가정이라는 것은 물리적 환경인 집보다는 교육과 같은 것을 통한 정신적인 문제라고 생각할 것입니다. 하지만 사람이 만드는 모든 산물에는 그것을 만들기 위한 정신적인 배경이라는 것이 있기 마련입니다. 그것을 보통 문화라고 말합니다. 저는 그래서 사람이 인위적으로 만들어낸 사물들을 '문화적 산물'이라고 지칭하곤 합니다. 건축사가 설계하는 집이라는 사물 역시 문화적 산물이라고 할 수 있으며, 집에는 그것을 만들게 된 정신적인 배경이라는 것이 있습니다.

예전에 우리의 전통주거건축을 설명하는 이론 중에는 우리 조상들은 우주의 중심은 비어있다는 믿음을 지니고 있었기 때문에 집의 중심에는 텅 빈 마당을 두고 그 마당을 중심으로 집을 짓는 중정형 주택을 만들게 되었다는 해석이 있었습니다. 사실 주거공간의 중심에 마당을 두는 주거형식은 우리나라뿐만 아니라 세계적으로 많은 곳에서 찾아볼 수 있습니다. 고대 로마의 도시였던 폼페이의 유적에서도 흔했던 형식이며, 중국의 사합원 같은 형식에서도 찾아볼 수 있습니다. 주거공간의 내부에 마당을 갖는 형태를 세계의 많은 나라에서 선택하였다는 것은 그 형태를 만들기가 기술적으로 용이하지 않다는 점을 고려할 때는 매우 특이하게 여겨질 수 있습니다.

제주도에서도 가운데에는 마당을 두고 안거리와 밖거리, 그리고 모커리를 두는 형태의 주거공간을 볼 수 있습니다. 이렇게 중앙에 마당을 두고 사방으로 집을 짓는 제주도의 주거형태도 우주의 중심은 비어있다는 세계관으로 설명할 수 있을 것입니다. 하지만 그러한 거창한 우주관보다는 제주인들의 가족관계를 중심으로 설명하는 것이 좀 더 인과관계가 구체적일 것이라고 여겨집니다. 형이상학과 사물의 관계를 설명하는 것은 매우 어려운 과제이지만 아버지와 아들의 관계, 며느리와 시어머니의 관계 등 가족관이 어떠한지를 통해서 집의 구조를 이해하는 것은 매우 구체적인 설명을 가능하게도 해줍니다.

우리말에 초가삼간이라는 말이 있습니다. '초가삼간'이라는 것은 세 개의 칸으로 이루어진 단출한 집이라는 의미입니다. 이와 대비되어서 엄청나게 큰 집을 아흔아홉 칸의 기와집이라고 빗대기도 하는데, 백 칸 이상의 집을 지을 수 없는 규정 속에서 가장 크게 지을 수 있는 집을 말하기도 합니다. 이 초가삼간이란 말은 우리가 집이라고 하는 형태가 갖추기를 바라는 가장 최소한의 구성을 말합니다.

집이라면 당연히 갖추어야 할 소박한 모습은 어떤 것일까요? 제주도의 초가집을 보면 일부 지역을 제외하고는 대개의 집들이 세 칸 집의 형태를 하고 있습니다. 세 칸 집의 기본 구성은 가운데에 대청과 같은 역할을 하는 상방[1]을 두고 한쪽에는 방이라고 할 수 있는 구들[2]과 다른 한쪽에는 부엌이라고 할 수 있는 정지[3]를 둔 형태입니다. 지금의 용어로 비슷하게 정의한다면 '침실/거실/주방'으로 이루어진 공간구성이 세 칸 집의 기본 구성이라고 할 수 있습니다. 물론 그렇다고 화장실이 없지는 않겠지요. 지금의 화장실과 같은 공간은 통시[4]라

1) 제주도의 초가에서 마루가 깔려있고 노출 천정으로 이루어진 공간으로 대개 가옥의 중앙부에 있으면서 가족의 모임과 접객의 장소가 된다.

2) 제주 초가에서 기거하는 방을 칭하는 말

3) 제주 민가에서 부엌을 이르는 말

4) 제주 민가에서 변소를 이르는 말

고 해서 외부에 따로 만들어져 있었습니다. 이 세 칸 집의 기본 구성에서 조금 더 발달한 형태가 구들 뒤에 고팡이라는 곡물 저장공간이 붙어있고, 정지 쪽에는 작은 구들이 하나 더 만들어져 있는 형태입니다. 이 구성이 제주의 주거공간에서는 보편적으로 널리 전해 이어져 온 형태라고 할 수 있습니다.

제주 초가집의 구들의 크기를 실측해 보면 대개 2.4m에서 2.7m 정도 되는 매우 작은 크기입니다. 폭이 3m를 넘는 구들은 전통적인 초가에서는 거의 보기가 어렵습니다. 지금 기준으로는 이렇게 작은 방에서 어떻게 살았을까 하는 궁금증이 생기지 않을 수 없습니다. 저의 아버님은 열 형제인 대가족이었습니다. 예전에 초가집이었던 할아버지 집을 생각하면 그런 집에서 어떻게 열 명의 자녀와 같이 살 수 있었을까 상상하기 매우 어렵습니다. 그런데 1900년대 초 중반에는 대개 자녀들이 5~6명 정도는 되었으니까, 구들(방)이 두 개뿐인 집에서는 부모와 자식이 각각 한방을 차지하고 살았을 것입니다. 상상만으로도 복잡한 풍경이지요. 아마 이런 이야기를 하면 지금의 젊은 세대들은 어떻게 그것을 정상적인 가정이라고 할 수 있겠냐고 반문할 것입니다. 아마도 세 칸의 조그만 초가에서 부모와 5~6명의 자녀가 같이 사는 모습은 '좋은 집에 산다'고 말할 수 있는 사례가 아닐 것이라고 생각할 것입니다.

하지만 저는 그런 물리적 환경이 좋은 집이 될 수 있는지 아닌지를 판가름할 수 있는 중요한 기준이 아니라는 것을 그 세 칸의 자그마한 초가 덕에 이해할 수 있을 것 같습니다. 이제까지 우리 조상들은 대가족을 이루면서도 그런 집이 작다고 여기지 않고 살아왔거든요. 제주의 오랜 역사 속에서 민가의 그런 집이 작아서 문제가 되었다면 분명 제주의 집은 구들이 서너 개가 되는 큰 규모의 집으로 진화하였을 것입니다. 하지만 아무리 둘러보아도 제주 민가에서 한집에 방이 세 개 이상 있는 경우를 쉽게 찾아보기는 어렵습니다.

최근에 선호되는 주거공간의 모습을 보면 소위 '방 세 개 거실 하나' 형태의 평면 구성이 가장 보편적인 모습으로 여겨집니다. 가족구성은 핵가족화 되어 조부모 없이 부모와 자녀 둘 정도의 가정이 대부분임에도 불구하고 주거공간의 크기는 더욱 커졌고, 방의 개수는 더 많이 요구되고 있습니다. 주거공간의 크기가 더 커지고 방의 개수가 많아졌다는 것이 더 행복하고 단란한 가정이라는 증거라면 문제는 간단합니다. 하지만 어찌 된 일인지 주거공간의 크기와 편안하고 행복한 가정의 모습은 별로 관련이 없어 보입니다. 소위 고래등 같은 집을 짓고 사는 부자라고 해도 가족 간 불화가 깊어 큰소리가 끊이지 않는 집이 있는가 하면 남의 집을 빌어 살면서도 매일같이 웃음이 끊이지 않는 화목한 가정도 있습니다. 그렇다면 집의 크기와 화려함은 좋은 집이 되기 위한 필수조건이 아닌 듯합니다.

건축사가 설계하는 집이라는 것이 이러한 집의 풍경을 만들어내는 것과 무슨 연관이 있을까요? 대개 건축사의 역할은 사물로서의 건물만을 그려내는 것에 불과한 것이라고 여기는 것 같습니다. 그래서인지 집을 설계해 달라고 건축사를 찾아오는 사람들은 정작 자기가 생각하는 좋은 집이 어떤 모습인지를 이야기하지 않습니다. 단지 자기가 좋아하는 디자인, 좋아하는 배치, 좋아하는 색깔과 재료들을 이야기할 뿐입니다. 그러한 요청은 가끔 저를 우울하고 슬프게 합니다. 저는 예쁜 집을 설계하는 건축사가 아니라 좋은 집을 설계하는 건축사가 되고 싶으니까요.

좀 오래되긴 하였는데 젊은 남녀가 저를 찾아와서 몇 달 후에 결혼할 사이인데 신혼살림을 꾸릴 수 있는 집을 설계해 달라고 한 적이 있었습니다. 순간 저는 매우 두려웠습니다. 저는 집을 구상하고 짓는 과정에서 사이좋던 부부가 심한 갈등에 빠지는 경우를 간혹 본 적이 있었거든요. 하물며 아직 부부가 아닌 경우에 집을 구상하다가 서로 생각이 달라서 결혼을 못 하겠다고 나선다면 어찌합니까. 저는 솔직히 이 설계를 맡기가 매우 두렵다고 했고 만약 꼭 내가 설계를 해야 한다면 설계하는 동안 절대로 서로 다투지 않겠다고 약속해 달라고 했습니다. 그 젊은 연인은 흔쾌히 그러겠다고 하였고 실제 집을 설계하는 과정에서 다행히 아무런 갈등 없이 진행이 잘 되었습니다.

제가 그렇게 염려할 수밖에 없는 것은 집을 구상하는 것은 자기가 생각하는 가정의 모습을 그대로 드러내는 것이기 때문입니다. 당시 예비신부는 자신이 갖고 싶은 주방은 설거지를 하면서 거실의 TV를 볼 수 있는 구조라고 하였습니다. 그녀의 바람은 남편의 친구들이 집에 놀러 왔을 때 그들끼리만 담소를 나누고 자기는 설거지나 하면서 이야기에 끼지 못하는 것이 매우 싫다는 것이었습니다. 만약에 남편이 남자들끼리 이야기하는 동안에 주방에서 설거지하는 부인이 이말저말 참견하는 것이 싫다고 말한다면 어찌 설계를 진행할 수 있겠습니까? 이는 단지 공간구성의 문제가 아니라 좋은 가정의 모습에 대한 둘 사이의 갈등 때문에 문제가 되는 것입니다.

전통적인 사회에서의 주거공간 구조와 현대의 주거공간 구조가 매우 다른 것은 이러한 가족관계에 대한 생각의 전환에서 기인합니다. 그에 비하면 새로운 재료의 개발이나 첨단 기술의 적용 같은 것은 주거공간을 변화시키는 데에 아주 조그만 변화를 주었을 뿐입니다. 우리의 주거공간에 심한 변화를 가져다준 것은 전등과 TV, 에어컨과 같은 기술도 아니고 타일과 합판, 석고보드와 같은 재료의 변화가 아닙니다. 그것은 '노모를 어떻게 모실까?', '애들은 어떻게 가르치고 기를까?', '부부관계는 어떻게 설정되어야 하는가?'와 같은 삶의 철학의 변화입니다. 그러한 변화가 예전에는 방이 두 개뿐인 초가에서도 7~8명의 가족구성원이 단란하게 살 수 있었다면 지금은 방이 세 개가 되어도 4~5명의 가족구성원이 방이 부족하다고 불평하게 되는 시대가 된 것입니다.

중요한 것은 방이 몇 개인가 고민하는 것이 아니라 좋은 가정이 어떤 모습인가를 진지하게 생각해 보는 것입니다. 어떤 형태가 옳고 어떤 형태가 그르다는 이야기는 하지 않겠습니다. 적절할지 모르지만 제주 민가의 형태를 들어 한 가지의 예를 더 말해 보겠습니다. 제주의 민가에서는 안거리와 밖거리를 두 이(二) 자 형태로 나란히 배치한 경우를 종종 보게 됩니다. 물론 기역자 형태로 배치되어있는 경우도 없지 않지만 서로 마주 보는 이(二) 자 형태가 많은 편입니다. 이렇게 하나의 주거공간에 두 채의 집을 짓고는 안거리에는 부모세대가 살고 밖거리엔 자녀세대가 살다가 부모세대의 경제력이 약해지면 안거리에 다시 자녀세대가 살고, 밖거리엔 부모세대가 살게 된다는 것이 일반화된 제주의 주생활을 설명하는 이야기입니다. 이때 부모와 자식이 살림을 따로 하는 것이 특징이기 때문에 제주 사람들은 예전부터 핵가족형태의 삶을 살았다고도 말합니다.

저는 이 설명의 근거를 따지려는 것이 아니라 안거리와 밖거리의 가옥배치에서 두 집이 마주하는 방식에 대해 매우 상식적이면서 중요한 점을 지적하려고 합니다. 세계의 다양한 전통주거건축 형태를 설명함에 있어서 가장 기본적인 배경으로 많이 거론되는 것이 주거건축의 모습이 환경에 의해 결정된다는 것입니다. 나무가 많은 곳에는 목조건축이 발달하고 돌이 많은 곳에서는 석조건축이 발달한다는 식의 설명이지요. 특히 우리나라의 경우에는 남향 선호사상이 매우 강하여서 최대한 집을 남향 혹은 동남향을 한다는 것이 정설입니다. 최근까지도 모든 건설회사들이 아파트를 지을 때는 동서방향으로 길게 하여 모든 집들이 남향을 할 수 있도록 배치하는 것이 기본이었습니다. 집을 지을 때 남쪽 조망을 중시하는 것은 지금의 제주에서도 흔히 접할 수 있는 모습입니다. 건강을 위해서도 일조를 충분히 받아들일 수 있는 아주 과학적인 선택이기도 하구요.

이런 기준으로 생각한다면 제주의 전통적인 민가가 두 이(二) 자 형태로 배치되었다면 어떻게 배치되는 것이 옳았을까요? 당연히 안거리와 마찬가지로 밖거리도 살림집이기 때문에 남향배치를 하여야 옳겠지요. 하지만 밖거리의 구들을 보면 남향을 하는 것이 아니라, 어김없이 마당을 향해 안거리와 마주하는 것을 알 수 있습니다. 안거리가 남향집이라면 밖거리는 북향집이 되는 것이지요. 왜 그럴까요? 당연히 일조를 위한 향(向)보다 더 중요한 것이 있었기 때문이겠지요. 마당을 향하고 있으니 일조를 위한 향보다 더 중요한 것이 마당이라는 의미인가요? 저는 이것이 가족관계였다고 생각합니다. 부모와 자식의 집을 한울타리 안에 배치하면서 등을 돌려 앉은 모습은 할 수 없다는 것이 기본적인 이유인 것입니다. 부모가 자식을 부를 때 얼른 대답할 수 있고 자식이 부모를 찾을 때 금방 확인할 수 있는 배치가 따스한 일조를 얻는 것보다 더 중요한 일이라는 것입니다.

최근에 임대사업으로 인기를 얻는 주거형태로 원룸이라는 것이 있습니다. 하나의 공간에 구획 없이 침대와 주방기구와 세탁기와 식탁이 배치되어있는 형태이지요. 한 가지 구획되어있는 공간이 있다면 화장실 정도입니다. 만약에 불쾌한 냄새를 없앨 수만 있다면 화장실도 구획하지 않았을지도 모릅니다. 이러한 형태의 주거공간이 선호되는 것도 현대사회의 가족 모습 변화와 관련이 깊습니다. 경제력은 있지만 금방 결혼하지 않고 혼자 살아가는 젊은 층이 늘어난 것, 결혼하더라도 자녀계획을 미루는 젊은 부부들이 늘어가는 모습, 노년에 자녀들을 독립시키고 은퇴한 부부만이 사는 경우도 점차 늘고 있습니다. 과거에 생각하던 가족구성과는 전혀 다른 모습이지요. 그러고 보면 초가삼간도 이제는 작지 않은 집이 되었습니다. 지금의 원룸을 예전에는 막살이집이라고 부르지 않았는가요? 가족구성원의 형태가 바뀌면서 주거공간의 모습도 바뀌어버린 것이지요.

최근에 설계를 하는 후배가 집은 결국에는 어떻게 설계하든지 그 주인을 닮아버리더라고 말하더군요. 그렇습니다. 건축사가 어떻게 디자인하든지 집은 결국 그 주인을 닮게 마련입니다. 처음에는 건축사의 손길이 느껴지던 디자인도 주인이 좋아하는 책과 가구와 그림으로 채워져 가고 좋아하는 음식과 애완동물이 돌아다니기 시작하면 금세 주인의 색깔로 변해버립니다. 단지 건축사는 처음에 약간의 밑그림을 그려주는 것뿐이고, 그 그림을 완성시키는 것은 결국 주인인 셈입니다.

때문에 집을 디자인함에 있어서 가족구성원이 어떻게 되는지를 아는 것은 매우 중요합니다. 그 가족구성원에 따라서 필요한 공간들이 구상되기 때문이지요. 만약에 가족구성원 없이 혼자 살 집이라면 저는 주저 없이 원룸과 같은 형태에서 사시라고 권할 것입니다. 형편이 어렵다면 좀 작은 규모의 원룸이고, 경제적 여유가 있다면 좀 너른 공간을 가진 원룸일 뿐 혼자 살면서 굳이 방과 거실과 주방을 구분하면서 들락날락 거릴 필요는 없을 것입니다.

하지만 개인적으로 원룸에서 사는 경우를 저는 좋은 집에 산다고 말하지 못할 것 같습니다. 아직은 혼자 사는 모습을 좋은 가정의 형태라고 말하지는 못할 것 같아서입니다. 가족은 두 명이건 세 명이건 한 공간에서 같이 잠을 자고 같이 식사를 하고 궂은일 좋은 일을 함께하는 모습이어야 할 것입니다. 개인을 가족이라고 할 수는 없지요. 아주 편리하긴 하지만 원룸을 좋은 집이라고 할 수 없는 것은 가족을 수용하기 어렵기 때문입니다.

때문에 좋은 집을 구상하기 위해서는 좋은 가족관계에 대한 성찰이 먼저 필요할 듯합니다. 최근에 가정폭력과 같은 뉴스를 접하면서, 좋은 가정을 이루지 못하는데 어떻게 설계를 하던 그게 무슨 의미가 있겠는가 하는 생각을 하였습니다. 화려하고 멋있는 싱크대, 대형 텔레비전, 넓은 잔디마당 등을 갖춘다고 하여도 그게 가족을 위한 것이 아니라 단지 남들에게 보여주기 위해 포장된 무대세트에 불과하다면 무슨 의미가 있을까요? 집의 구상을 시작하기 전에 먼저 돌아보아야 할 것은 가족입니다. 내 자식이 원하는 것은 무엇일까? 그리고 내 아내가 혹은 남편이 좋아하는 것은 무엇일까? 부모님에겐 무엇이 필요할까?

우리 가족에게 절실하게 필요한 것이 무엇일까? 집을 구상하기 위한 질문은 이러한 것에서 시작되어야 합니다. 다시 한 번 생각해봅시다. 좋은 집에 산다는 것이 무슨 의미인지를.

마치며

좋은 집을 설계하기 위해서 건축사와 건축주는 어떻게 고민하고 협력해야 하는가를 생각해 보았습니다. 그것을 고민하는 동안 정작 건축사가 추구해야 하는 '좋은 집'이라는 것이 결국에는 좋은 집을 이루기 위한 배경을 만드는 것에 불과하지 않은가 하는 생각을 해보았습니다. 정말 좋은 집이라는 것은 콘크리트와 유리로 만들 수 있는 것이 아니라는 것을 다시 생각하게 하였습니다.

좋은 집이 건축설계를 통해서 만들어질 수 있는 것이 아니라면 집이라는 사물은 건축설계라는 행위에 있어서도 주제가 아니라 소재일 수밖에 없을 것입니다. 중요한 게 집이라는 사물이 아니라면 우리에게 소중한 것은 무엇일까요? 저는 집을 짓는 과정 전체를 삶의 일부로 받아들이는 게 중요하지 않은가 생각합니다. 훌륭하고 아름다운 집이 되기 위해서 선택된 재료가 중요한 것이 아니라 그 재료를 선택하기 위한 건축사와 건축주의 성실한 대화와 그 과정 자체가 중요하다고 생각합니다.

가끔 토론과 논쟁을 해야 할 경우도 있지만 설계의 과정에서 대화는 매우 중요합니다. 결코 일방적인 주장을 통해서는 좋은 집에 이를 수 없습니다. 그것은 집을 다 지은 후에도 마찬가지일 것입니다. 좋은 집은 사물로 완성되는 것이 아니기 때문입니다. 이 모든 과정은 서로 분리되어있는 것이 아니라 하나로 연결된 전체라고 할 수 있습니다.

짧은 이 글이 집을 준비하는 미래의 건축주에게 작은 도움이 되었기를 바랍니다.

양성필